動物解剖学

遠藤秀紀──［著］

東京大学出版会

Zoological Anatomy
Hideki ENDO
University of Tokyo Press, 2013
ISBN 978-4-13-062222-6

はじめに

解剖学と出会いつつあるすべての読者へ

　初めて「学」としての解剖学に接する読者に何を語ればよいのか．
　私の答えは少なくとも用語辞典ではない．画家が自分の描画のランドマークに名称をつけないことや，彫刻家が造形物の変曲点を用語で呼ばないのを見れば分かるように，読者にとっての解剖学への第一歩は，言葉なき主観の世界で形状の認識ができるか否かを問うことである．
　一つ心苦しいのは，形状の認識力の優劣は，最後の最後は個人のセンスで決まってしまうことだ．センスとは，紙から学びきれるものでもない．兵法しかり，書道しかり，歌詠みしかり，造形しかり……．解剖学は，何もない世界に本だけ出版すれば，後身が育ちあがってくるものではないのである．
　たとえば，各時代の形態学者から最高のセンスの持ち主をとりあげよといわれたら，私の場合，1800年のキュヴィエであり，1910年のヘルトヴィヒであり，1960年のデービスである．彼らは明らかに，形を認識することにおいて天賦の才に恵まれた人々である．だがしかし，形態学が天才の学であるかといえばけっしてそうではない．形態学は努力で能力を勝ちとることによって，歴史上多数の人に発見の栄誉と探究の誇りとを与えてきた．
　そうした努力を密かに側面から後押しする程度しか，書物にはできないだろうと確信する．無責任ながら本書はそのためのものである．
　無責任ついでに，書の最初の章で，読者とともに「なぜ私たちは形を見てしまうのか」という問いかけに浸ってみることにしたい．その問いは，たぶん体系として解剖学を説くこととは無関係だろう．だがその問いの奥底に，解剖学の本質が隠されていることは間違いない．それゆえ本書の初めの章は，いわゆる解剖学と銘打った書物とは全く異なる様子を見せるに違いない．そこだけ読んで，解剖学とは永遠に別れを告げる読者もいてよいと思う．逆に，からだの形と生涯付き合う読み手が現れるのも，空恐ろしく歓迎したいことではあるが．

現実を見れば，動物解剖学を学ぶものの圧倒的多数が，ヒトを含む哺乳類からせいぜい鳥くらいまでを主たる対象とするようである．その理由としては，高等脊椎動物ならば産業基盤との結びつきもあるだろうし，ヒトのことを知りたいと考える人間が，クラゲやミミズに関心をもつ若者よりも人数が多いことも指摘できる．それゆえ，本書は哺乳類や鳥類を学ぶために使えるような構成を目指してはいる．だが，魚を知らずしてヒトが分かるとも思われない．そのあたりのバランスは記述の中で配慮したつもりなので，脊椎動物形態学全般の入門書として用いてくれるのは，著者の望むところである．加えてもちろん解剖学書の精神世界は，ヒトの形に熱狂する若者に向けた書であっても，必ずやクラゲやイカやミミズやトンボに惹かれる人間たちの好奇心をもくすぐることができると信じられる．

　とにもかくにも，期せずして天命を感じつつ解剖の道に入る若者や，あるいは逆にデモシカ人生の出発点として解剖学の世界を覗き見つつある若い人々に，本書を贈りたいと思う．解剖学というのは，それを表向きだけの生業としていくなら，看護学校のパラメディカル講師や医学部のアシスタントや獣医学科の教授などいろいろな食い扶持があり，けっして人口が稀有にすぎる分野でもなかろう．だが表向きの看板にだけするということと，そこに命を捧げるということの間には，天地程も差がある．形に理を求め，五感によってからだと対決し，最後に真理をつかみとっていく人生を送ろうとすることは，看護学校でも大学医学部でも獣医学科でも，同じように不可能だと銘記されたい．

　要すれば，解剖学に生きるとは，独りで道を開拓していく以外にないのだ．本書を読む動機を読者に問うことはけっしてない．だが，解剖学へ歩み始める若い学徒に本書が何らかの影響を与えることができれば，たとえ反面教師であっても，本望である．

　　2013 年 2 月

遠藤秀紀

目次

はじめに ………………………………………………………………… i

1 なぜ私たちは形を見てしまうのか ……………………………… 1
1.1 表現型としての動物の形 …………………………………… 1
1.2 マクロ解剖学の考察する「機能」………………………… 2
1.3 表現型の独占概念としての形の「記載」………………… 5
1.4 形が織りなす「歴史性」の舞台 …………………………… 6
1.5 本質的動機 …………………………………………………… 8
1.6 五感による発見 ……………………………………………… 9
1.7 若干の修飾 …………………………………………………… 12

2 からだの軸と空所 …………………………………………………… 16
2.1 体幹の考え方1　脊椎 ……………………………………… 16
2.2 体幹の考え方2　対称性の保持と崩れ …………………… 18
2.3 体幹の考え方3　筋肉の背腹 ……………………………… 20
2.4 体幹の考え方4　袋小路に入った軸下筋 ………………… 21
2.5 "そこそこの表現型"とユニット …………………………… 23
2.6 体腔の考え方1　体腔心臓系 ……………………………… 24
2.7 体腔の考え方2　心臓のあけぼの ………………………… 26
2.8 体腔の考え方3　空所の分割 ……………………………… 30

3 頭部の歴史性 ………………………………………………………… 33
3.1 頭蓋の考え方 ………………………………………………… 33
3.2 鰓と顎の"関係"史 …………………………………………… 35
3.3 第一咽頭弓と第二咽頭弓 …………………………………… 39
3.4 脊椎動物の美しい姿を求めて ……………………………… 41
3.5 後頭部と脊椎 ………………………………………………… 42
3.6 自由に支えられたセンス …………………………………… 43

4 | 体腔にまとわりつく修飾 …………………………………………………… 45
　4.1　体腔の考え方 4　個体発生からの理解 ………………………………… 45
　4.2　体腔の考え方 5　心臓のデザイン ……………………………………… 47
　4.3　脊椎動物の基本体制 ……………………………………………………… 48
　4.4　循環系の考え方 …………………………………………………………… 50

5 | からだに付帯する移動手段 ……………………………………………… 53
　5.1　四肢の考え方 1　対鰭の意義 …………………………………………… 53
　5.2　四肢の考え方 2　肉鰭の前適応 ………………………………………… 54
　5.3　四肢の考え方 3　体重を支える四肢 …………………………………… 56
　5.4　四肢の考え方 4　独立した推進装置としての四肢 …………………… 58
　5.5　四肢の考え方 5　肩と腰 ………………………………………………… 59
　5.6　四肢の考え方 6　哺乳類の多様性 ……………………………………… 63
　5.7　四肢骨と復元の関係 ……………………………………………………… 67
　5.8　哺乳類の四肢から見た陸棲の考え方 …………………………………… 69
　5.9　骨の実体と機能性 ………………………………………………………… 71
　5.10　骨と骨の連結の考え方 ………………………………………………… 71

6 | 外界からの栄養摂取 ……………………………………………………… 74
　6.1　消化器の考え方 1　体表面の延長 ……………………………………… 74
　6.2　消化器の考え方 2　分化する消化酵素産生機構 ……………………… 77
　6.3　消化器の考え方 3　動物性蛋白食から植物食へ ……………………… 78
　6.4　消化器の考え方 4　歯の装備 …………………………………………… 83

7 | 酸素を求める形 …………………………………………………………… 86
　7.1　呼吸器の考え方 1　ガス交換のための境界面 ………………………… 86
　7.2　呼吸器の考え方 2　高度なエネルギー支援ユニット ………………… 88
　7.3　呼吸器の考え方 3　体制の左右対称性の崩壊 ………………………… 89

8 | 統御のための形 …………………………………………………………… 91
　8.1　神経の考え方 1　神経細胞とその機能性ユニット …………………… 91
　8.2　神経の考え方 2　脳と発生 ……………………………………………… 92
　8.3　神経の考え方 3　伝えるルート ………………………………………… 95

9 | 殖やすための形・捨てるための形 ……… 97
- 9.1 生殖腺の考え方 ……… 97
- 9.2 泌尿器の考え方 ……… 99
- 9.3 捨てることと選ぶこと ……… 101

10 | 外面を覆う形 ……… 103
- 10.1 皮膚の考え方1　外界からの保護 ……… 103
- 10.2 皮膚の考え方2　外界への働きかけ ……… 105
- 10.3 体表面積の意味 ……… 107

11 | 標本収蔵と解剖学 ……… 110
- 11.1 博物館の利 ……… 110
- 11.2 解剖学を支える死体収集 ……… 111
- 11.3 博物館の未来へ ……… 112
- 11.4 生と死の学 ……… 113

おわりに ……… 115
さらに学びたい人へ ……… 117
索引 ……… 119

1 なぜ私たちは形を見てしまうのか

1.1 表現型としての動物の形

「なぜ私たちは形を見てしまうのか」

この問いを最初に考えておきたい．客観性，定量性，再現性を，科学の世界に生きる私たちは大切にする．だが十中八九，動物の形という研究対象は，多くの生物学者動物学者が扱う現象の中で，客観性，定量性，再現性をもって記し，論じるにはいくつかの不向きな属性を見せてしまう．

動物の形を直接幾何学的に扱っていこうという挑戦は何度も試みられたが，研究する者は，そのたびに，形を量的に認識すること自体が技術的に大きな困難をともなうことに気づかされてきた．形である以上は物理量によって決定できるはずの相手なのだが，動物の形は，認識し，検出し，入力し，数値化することに極端に不向きな対象だということができる．

ただし，このことは生物の形を定量的に議論しようとするときのみに起きていることではない．たとえば天文学が考察する形も，往々にして真に客観的な量で記述されているわけではない．工学部やテクノロジー領域が範疇に置く形状も，近年でこそ直感で受け止められないほど一般性の高い曲面を製造物に対して採用する場面が生じてきたが，およそここ200年以上にわたり，人工物には非常に特殊な曲面や形状が便宜的に選択されてきたといえる．そのことはデジタル技術が未発達な時代の，設計や工作の技術的水準に制約を受けていたためともいえるだろう．

幾何学的・数学的に特殊な形をとることの少ない動物の形態は，科学性定量性の高い俎にのせることが困難であった．例外的に成長様式が数学的に近似されやすい一部の軟体動物の殻や植物の規則的な枝分かれなどで定量性を求める挑戦がなされてきたが，生物の形の無限とも感じられる多様さからすれば，ごく限られたケースでしか議論が開始できなかった．加えていえば，定量的議論

が例外的に巧みに進められたテーマが単に突出していることが，逆説的に，形態学の一般的な限界を見せていると，受け止めることができるだろう．

後で詳しく述べるが，分子発生学で多くの場合語られている形態形成の表現型も，現実には幾何学的に量的に扱うべき形状の論議を，通常は避けている．質的に容易に認識できる形状や識別容易な発現環境を追うことで，一般性の高い形態形質の議論を避ける手法を当然のように選択するからである．

こうして見ると，とくに認識や解析の段階を考えると，形を見るということの手法的アドバンテージはほとんどない．研究において他のことを犠牲にしても定量性の維持を最優先で重視するならば，一般性の高い動物の形状は合理的な研究対象ではあり得なくなり，本来，形態は表現型の一つとしてとくに扱いにくいものに位置づけられることになる．そして定量性をもって扱いにくい研究対象を体系として検討してきた解剖学・形態学が，手法としての魅力を単純に失い，多くの人々の研究動機から消失していくことは想像に難くない．

にもかかわらず，現実に形はつねに多くの人々を魅惑している．その要因を考えるとき，即座に思い至るのは，「機能」と「記載」と「歴史性」だ．本書の最初にこの三者がいかなるものかを至極簡単にまとめてみるので，解剖学を考える際の本質として思慮していただきたい．

1.2 マクロ解剖学の考察する「機能」

解剖学では，一般的な形態を直接の対象とする，無謀とも思われる研究動機が実際に盛り上がることが繰り返された．いったいそれはなぜだろうか．おそらくは，自明であるはずの形という研究対象をより正確に洗い出し，研究における弱点などということを度外視して，形が原初的にもつ対象としての「魅力」を確認することが楽しいからである．

ここで「なぜ私たちは形を見てしまうのか」という問いに対しては，機能的要因と歴史的要因と，美的要因が思慮されてしかるべきであるといおう．後者は後段で論じることにしたい．まずは機能的要因である．

機能的要因をもっとも強く絞り込むと，「マクロ的視点」というただ一点に到達する．表現型として動物の形状を見る所作は，対象が100点満点のシステムであれ0点の駄物であれ，どのような機能を果たすためにその形状がつくられ

ているのか，ということを解明することに必ずや行きつく．それは圧倒的に肉眼での視認を出発点とするはずだ．

　先述のように動物が一般性の高い形状を見せてくるからこそ，解剖学の利点が乏しくなるのであるから，その形状の一般性が高いがゆえに機能を達成しているとなれば，早晩，解剖学は，無数の局面で苦戦ないしは敗北に追い込まれる．一般性が高い形の認識と解析の本質的な難しさが，「機能を解明する」「適応を明らかにする」という研究目的に直面しながら，抜き差しならぬ泥沼に陥ることは自明だ．それゆえ，この本質的目標に対して，形態学は実際に敗れるか，せいぜい7割程度の完成度で満足することを重ねてきた．

　最も示唆的なのはバイオメカニズムやロボット開発と，解剖学との境界領域である．たとえば，骨格と骨格筋から運動モデルを工学的に構築するとするなら，基本は生体の形状をいかに力学と連結するかである．だが骨の密度も剛体としての特性も，実際には多分に簡略化しない限りは，力学の土俵にのらない．

　重心を例にとってみよう．現代の手法なら，たとえば骨全体を三次元デジタル化し，位置ベクトルのデータ群から重心をある一定の確度で容易に特定できるであろう．しかし，実際の骨密度の分布は，正確に把握できるものではない．密度や重心ならまだしも，関節面の複雑な形状と運動抵抗は解析の最初の段階で簡略化せざるを得ない．その過程で，運動の自由度もきわめて安易に減じられる．おそらくは扱いやすい数学的曲面と扱いやすい回転軸が選ばれるなどの，通り一遍の作業が進んでしまう．関節の可動域の議論であればまだ正しさへの一定程度の近似が努力されようが，これが軟部構造の筋肉までをも採り込んだときには，不可避な近似が現実を離れて独り歩きに入ることは必定である．

　骨格筋は後でもふれるが，不定形な形状，一般的で規則性のない筋組織の分布や腱への移行，骨格への付着のバリエーションなど，力学的数量化が元々困難な対象である．材料としても，乾燥，湿潤，変性，腐敗，固定などの影響を受けやすく，現実的にはおよそ機械論的スペックを語ることのできるようなものではない．解剖学者はそういう対象を目の前にして，おそらくはせいぜい後述の生理学的筋断面積や，骨格筋重量に代表させていくという，疑似定量化の傾向に入ってしまう．そうした簡略化したデータの投入の結果，出力されてくる運動モデルは，最終的には現実の動物の運動を再現したものには程遠い結果となる．そして，モデルづくりを急ぐ人々の間では，骨格の形状と筋肉の能力

からスペックを引き出してモデル化するという道筋は，合理的手法ではないと批評されるに至るのである．

　骨格と骨格筋からなる総合的スペックを棚上げするならば，運動の記述は，むしろ生体の運動観察系を用いる方が，今日では現実の模写性が高いといえるだろう．動物の生体運動の記録は，かつては生体観察と写真撮影で粗雑な入力をする以外になかったものである．しかし今日では，たとえばマーカーを貼付した動物を磁場フィールド内で運動させるなど，三次元的に追跡し，入力することができる．したがって定量性を得にくい運動器の機能形態学を進めるよりも，直接の運動入力を再現するシステムを開発する方が，最終目的に合致しているようにすら理解されることがある．ロボット開発などに関連する分野では，そもそも動物の形態のリアルなモデル化よりも，実際に動くものが手っ取り早いと評価されるだろうから，モデルは意味のない数字の遊びとして批判されてしまう．

　つまりは運動記録法の洗練によって，バイオメカニズムやロボット技術の領域は好奇心を自己完結させ，そもそもの動物の形に関心をもたなくなるという逆説に直面している．表現型を定量化し再現性をもって見ようとした領域でさえ，形に対する関心を薄れさせる現実は，動物形態を科学性の俎にのせることの困難さを明確に物語ってしまっている．その結果生み出されるのが，「モデルの開発」「ツールの提唱」「物理量の優越」に逃避し，「まだるっこしい形態学より切れ味鋭いロボット工学」に貢献する，傲慢なテクノロジー集団であることもある．残念ながらモデルづくりに自己閉鎖する技術体系は，何ら形態学にも自然誌学にも，そして還元論的生物学にも貢献することはなく，せいぜい疑似映像表現の世界か，博物館展示物を経済マーケットと見て一過性に存在するだけにとどまるだろう．

　動物の形の機能を物語らねばならない動物学者は，テクノロジー領域のように目的に合わせて特殊性のない形態から逃げることは許されず，当然のように不利な戦いに挑まねばならない．振り返れば解剖学は，古くから骨を水槽に沈めて体積を測定し，関節曲面には紙を巻いて面積を算出し，筋力はやむなく筋肉の乾重量を観測してデータとしてきた．骨計測のランドマークは古典的なポイントや明らかに相同性の明確な縫合点を網羅するとともに，スペックの推測に役立つ計測点を各人があみ出してでも測定を繰り返した．三次元スキャナー

がいかに発達しようとも，いまのところ任意の立体図形として骨や筋肉を，広くは生体のマクロ形状を入力し，解析する術は限られている．筋肉や軟部構造に関していえば，任意の形状や剛性，柔軟性を備え，不均質な内部構造をもつ領域を扱う手法はいまでも限られている．骨格筋なら生理学的筋断面積にいかに近似するかが，多くの研究者の実際の仕事ぶりになっているとすらいえる．それでも解剖学者はマクロ形態の機能性を最大の謎に据えて，精査を続けていくであろう．

1.3　表現型の独占概念としての形の「記載」

　改めて記すが，生物の形は他の存在様式では代替され得ない，表現型を独占した実体である．独占された表現型を認識し，他に代わるものがないという点から明らかになることだが，「なぜ私たちは形を見てしまうのか」という問いに対する二つめの答えは，記載への知的欲求である．それこそナチュラルヒストリー，自然誌学の成立の瞬間であるとさえいえる．

　動物は原初的，本質的に形によって人間に認識される．それ自身が客観性，定量性，再現性になじまず，幾何学的に特殊でない形状の持ち主であったとしても，形あるゆえに人間の意識レベルで最初の認識対象となるのである．

　人間の好奇心として，記載は開始される．記載は，客観性が高かろうが低かろうが，再現度の高い共通理解につながろうがつながるまいが，人間が動物を第一義的に議論の共通の土俵にのせる行為であって，現実にいかなる時代においてもいかなる対象であっても，人類の知の出発点である．「なぜ私たちは形を見てしまうのか」という問いの一つの答えとして，この記載への普遍的意義を挙げなくてはならない．

　いうまでもなく動物の形に関しては，形態学・解剖学が記載の主体的責任を果たしてきた．元来一般化しにくい表現型を抽出，記載することを担当してきた解剖学は，定量性を多少欠いたとしても，科学哲学も手法も何ら劣ったものではない．定量性の高い解析を理想的に実現する以前に，任意の形状を記載の俎にのせ，その任意性を比較総合的に議論するために，解剖学が機能を開始するといえる．自然界の認識は還元主義的に表現する必要もなければ，還元主義に向いているものでもない．「なぜ私たちは形を見てしまうのか」という問いへ

の答えから，総合科学と歴史科学の哲学に支えられた記載への普遍的な好奇心を外すことは，永久にあり得ない．

1.4 形が織りなす「歴史性」の舞台

任意の形の認識は，動物の形の歴史の解明にしばしば使われるものである．「なぜ私たちは形を見てしまうのか」という問いへの三つめの答えはここにある．

以下に解剖学と呼ぶより，形態学という方が落ち着きのよい論議もあるので，形態学という言葉を多用していく．両者が微妙に含む意味の違いを重要視して使い分けるわけではなく，しばらくは多分に語感を優先したい．

表現型の歴史へのアプローチは，実験的再現のみならず，比較総合によって証拠固めされて深化する．一般的にゲノムが手に入り解読できる状況では，分岐図づくりにおいて形態学は明らかに分子系統学より劣っている．だが，よく起こる間違いは，形態学的データが，歴史性を語るのに無意味だと考える誤りである．系統分類学が歴史科学としての生物学のすべてではないのだ．歴史科学として比較総合の対象として生物の形態を扱う場面は，分岐図づくりとはまったく異なる仕事において無数に生じる．系統分類学において形態学的情報でつくられる結論は一般に分子生物学で行うよりもはるかに非力であるが，そのことは歴史科学的手法の中で形態学が活躍することを否定するものではない．

私たちが生物の進化を語るとき，もちろんそれは単に系統樹づくりに終始しているわけではない．最終的に目指すべき論理は，歴史の総合的解読なのだ．形態学が活躍すべき土壌は，永久に進化学の中核をなし続けている．これは，化石の多くにおいてゲノム解析が不可能であるから，形態学に意味が残されているなどという技術論を語っているのではない．かつて生きた生き物の歴史を，触知・証明できる手法は，それを動物学と呼ぼうが古生物学と呼ぼうが，形態学の土俵の上の論議なのである．形の存在を証拠立て，ときには系統の，ときには地球史の記述に用いるのが，そもそもの形態学の基本的動機ですらある．そのことは1800年前後のキュヴィエの足跡を見れば一目瞭然であり，ダーウィンも進化論も不要な時代から，博物学，生物学の学理形成の重要な部分を，形態学が独占している．リンネ流の自然観に対して応え得る手技として，形態学

はまず存在した．と同時に，進化論確立以後も，歴史科学としての性格を根幹に備えた形態学は，生き物の存在する形の認識手法として，まったく同じ動機から存立し続けている．

　日本ではとくに1980年代まで分類学が未発達で，それは自然史博物館の未熟を意味してきた．そのことが還元主義しかとり得なかった谷津直秀と東京帝国大学の過ちであったという分析が成立し，それは妥当な科学史的分析である．しかし，一点異なるのは，分岐分類学と分子生物学的手法の確立の後は，系統分類学における形態学的データの重要性は少なくとも突出したものではなくなったということである．ゲノム解析技術の確立と普及，コンピューターによる一定程度単純なデータ解析は，40年前の生物学界が想定し得ないだけの飛躍的進歩を遂げ，それは分子系統学に桁外れの優位性をもたらしてくれている．現生群の分類学は，データ量の圧倒的に豊富な分子生物学にまずは依拠すべきであり，形態学は系統樹づくりとは異なる歴史科学・比較総合哲学の担い手として発展させていくべきものだと考えられる．一方でゲノムを分岐図にのせることで，複雑な機能や適応の現象の解明が，還元論で代替できると考えるのは愚かなことである．完成された表現型を独占した形は，最後の最後まで，認識や定量化の不利を当然のように克服してでも，形態学の記載の対象となる．そしてその記載は，また次なる比較総合の第一歩となるのである．

　ここで「比較総合とは何か」を語ることは「なぜ私たちは形を見てしまうのか」という問いへの本質的な答えを用意することにつながる．進化学は歴史科学である．分子発生学者の中には進化を理論的にあるいは実験的に再現できると唱える人々も少なくないように見受けるが，私の考えはまったく違う．分子生物学の手技と理論の発達によって，再現実験になじむ内容が急速に広がってきたことは確かだが，そのことは進化学が歴史科学として比較総合の科学哲学を逸脱したことを意味するものではけっしてない．

　動物のからだを私は歴史書に喩えてきた．砕けていうならば，解剖学はからだという名の"歴史書"を読み解く学問である．いわゆる歴史学は，所詮は再現できない過去の事象に，比較と総合をもって立ち向かっている．解剖学もこの点はまったく同じだ．からだがなぜいま指先や目で認識されるような形をとっているのかと問いかけながら，その真の答えを比較と総合によって得るのが解剖学である．還元主義が解析と再現によって行うことを，解剖学は比較によっ

て進める．ここでいう比較とは，ただイヌとネコを比べるという意味ではない．死体や標本を蓄積し，そこから記載を蓄積する．そうして生まれてきた認識の集積をもって，再現不可能な事象の議論に，最大限の説得力と客観性を与えていく営みを，「比較」と呼ぶ．解剖学はつねに比較をもってして真理に迫るのである．そういう考え方へ向けられる全人類の普遍の欲求が，「なぜ私たちは形を見てしまうのか」という問いへの答えを明らかにしてくれていると，私は確信している．

1.5 本質的動機

「なぜ私たちは形を見てしまうのか」という問いに対して，次第に私たちの本質的動機が現れてきたと思う．この先解剖学を学び続ける諸子においては，解剖学の立脚点，すなわち立ち返るべき基本として，機能論と歴史論があることをつねに頭に置いていただきたい．すでに示したのが，動物が全体性として備えている機能を語るには，つねに解剖学という手法をとらねばならないということである．他方，歴史論，つまりは動物の歴史学的系譜を見る際の一つの方法として，形態学はいまも議論の土台の重要な部分を提示し続けているということが挙げられる．機能論と歴史論．その両者をつねに無意識のレベルで繋ぐのが，「記載」の本質的論議である．復唱するならば，解剖学・形態学は生き物の機能と歴史の「記載」のために，つねに存在していくのである．

歴史を見るか，それとも，機能を見るか．この二者はもちろん背反的に他方が他方と相反するのではなく，互いに補い合って解剖学をつくっていくであろう．いずれにしても，「なぜ私たちは形を見てしまうのか」という問いへの示唆は，つねに解剖学のこの二つの用い方の中に落ち着いていくと考えて間違いはない．そして必ずそこには「記載」が存在し続ける．

ただし，もう一つのまったく別の答えとして，本章の序盤で先送りを宣言したが，人間が根源的に美に惹かれる存在であることを銘記しておかねばならない．特定の科学者が，科学に携わる現実の姿勢として美を愛するか否かは，あまりにも大きな分岐点である．躊躇なく表現するならば，前者の人物には解剖学を推進する能力があり，後者にはない．それは，解剖学に機能性と歴史性という二つの合理的役割があることや，「記載」という永久不変の責任分担がある

こととは別に，人間個人あるいは文化や伝統を含めた人間集団の側に内在する，天賦の能力の問題といってもよいだろう．本書は，それが客観的科学と無関係だと断じられようとも，解剖学を進める人間の側の動機に，「美」に対する天が与えた能力が介在することを堂々と語り続けたいと思う．

1.6 五感による発見

　私個人の解剖学への避けがたい動機づけにここでふれておく必要がある．死体を目にした自分自身が「なぜ形を見てしまうのか」といえば，それは五感によって死体から新事実をつかもうとする自分の感覚に酔いしれることができるからである．

　五感を科学に無用なものとして最初から受け付けない人物は一定程度存在し，そうした人間は往々にして美への関心の低い者でもある．そうした人物が，本書から得るものはあまりにも乏しいかもしれない．他方で，私は，死体から発見を五感によって感じ取ろうとする自分に底なしに幸福を感じ取っているからこそ，解剖学を進めている．私の場合，発見している自分はどうしても体系としての解剖学を必要条件として要求するが，仮に体系たる解剖学を自分には無関係だという純粋な美的感受性が形への欲求を支えていても，かくある人物に何ら苦言を呈する必要はないと考えている．要は，死体を感じ取っている人間個人が至福の時を迎えているかどうかが，動機のすべてだ．

　私は死体をまずは目で見る．そして指先で触る．解剖学における新知見は，実際に，目か指先で始まることが普通なのだ．読者には，21世紀の科学の発見の現場を一般的に思い浮かべていただきたい．おそらくは発見の99%までが，分析機器が弾き出してくる数値やグラフが，現場をつくっているはずだ．だが，解剖学は明確に違う．

　私は自身の解剖学的発見のほとんどすべてを自分の目か指先で達成させてきた．実際には目のみならず，指先のことが若干多いかもしれない．発見の瞬間が，機械任せ，分析任せ，統計任せ，数値任せになるほとんどすべての現代科学あるいは分析的生物学に対して，この点はまったく異なっている．

　科学書としては異例ではあるが，ここで解剖学における観察者の感覚と思いを一人称で語っておくことは，本書にとって意義深いことだと考えられる．た

とえば，オオアリクイの死体が眼前に横たわっているとしよう．私は 1 m 以上ある大きな死体をつぶさに見，指先で確認を開始する．そして，比較的早い段階で顎を触知し始める．なぜ顎を触覚の対象として初期段階で重視する判断を下したかは，また本書の後半で解剖学の一般論として詳述するが，論理をともなった好奇心によって，私は顎を触知し始めるのである．そして，「この動物の顎の運動は，他のあらゆる脊椎動物の機能性を逸脱している」と感じ取るのである．この時の私は，まずはこの死体で，つまりはこの種で起こっている表現型の独占概念としての形に，異様な機能性が備わっていると判断したわけである．

　脳内の論理運用としては，もちろん思考の片隅に，基礎知識に基づいてオオアリクイの系統性を思い浮かべている．本種はおよそ 1 億年前に，分岐時の形態は分からないが，私たちヒトを含むあまたの真獣類から袂を分かった異節類なる一群である．その分岐は，アフリカ大陸から南米大陸が分かれるという地質学的巨大イベントに付帯する偶然の出来事に違いない．しかし，この系統は，隔離された南米大陸で，一定程度に狭い自然淘汰のスキームの中でのみ進化することが可能となった．そして過去数千万年にわたり，北半球の諸大陸に比べて，生存競争において厳しさの少ない大陸に閉じ込められた．その結果，独自の形態と機能をもった哺乳類として進化を遂げ，本系統もアリクイ類として確立されていった．おそらくはいまから 3000 万年前には，この独自すぎる顎構造を獲得していたに違いない．私たちは，こうしたこの死体の系統の歴史性を，体系の中から知識として知っているといえる．

　他方，いま私の指先は，オオアリクイの顎がけっして普通の脊椎動物や哺乳類のようには開閉しないという驚くべき事実を感じ取っている．発見は通常喜びであるが，喜びの度合いが大きすぎると，発見は畏怖に切り替わる．人類史上自分しか事実をつかみ切れていないことを対象に触ることで知った自分の指先は，目の前の死体が計り知れぬ大きな謎を隠しもっていることに，怖れ慄き始める．私はこの瞬間の，喜びと怖れの入り混じった独特の世界に自分がどっぷりと浸ることを生涯の喜びとして，解剖学者なる道を選んでいるといってよい．

　指先はさらに精査を続ける．この場合，もはや目は使わない．五感のなかでも視覚はとりあえず棚上げされるのである．脊椎動物史上もっとも奇妙な顎の

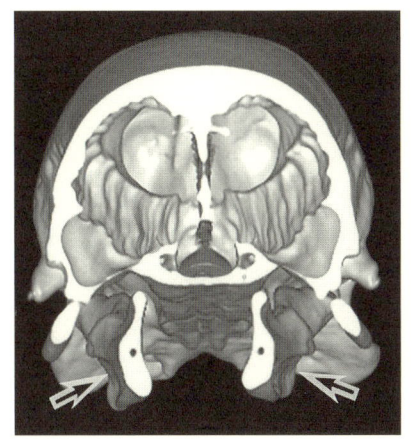

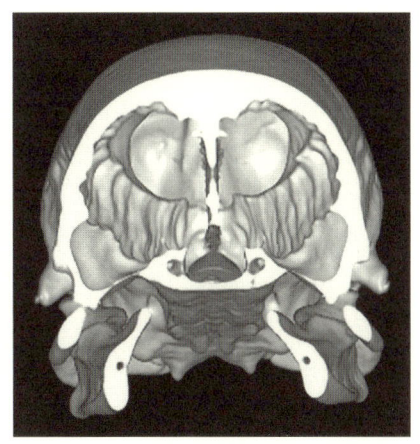

図1-1 オオアリクイの頭部．CTスキャンによる三次元復構像を切削した横断面である．吻側より見た．安静時（左図）に直立気味の左右下顎体（矢印）は，咀嚼筋の働きにより（右図），側面方向へハの字に開く．

一つは，実際にどう動くのか，その一点を探り当てるべく，自分の指先が死体の上を滑る．指先が感じ取る唯一の答えは，この動物の左右の下顎が，左右バラバラに分離しながら，側面方向へハの字に開くという事実だ（図1-1）．つまり，顎の回転軸が他の動物の方向から90度回転しているのだ．

　もちろんこれでは，オオアリクイは，他のすべての有顎脊椎動物が行うように，上と下の顎の間に物を挟みながら，口の中で噛むことができない．ただし，この動物には，どんな哺乳類にもあって当然の歯列がまったく存在しない．歯がなければ噛む必要も生じていないであろうと想定することは容易だ．

　触知する指先は，この動物がハの字に下顎を開くことの真の機能的意義を追い求めながら死体を探る．その間に，いったいどこまで大きく側面方向に開くことができるのか，逆に多くの動物がするように，実際に下顎は地面側へは下降しないのかなどを，触覚で探り続ける．

　これらすべての死体からの一次情報は，検出する内容が複雑すぎて，指先や目で「記載」する以外にないのだ．先に「私たちはなぜ形を見てしまうのか」という疑問を解こうとしたが，すでにアリクイ死体に対する最初の作業において，私は「記載」を始めている．アリクイの顎の可動方向の違いは，それ一つをとってみても，人造の検出器や，売られている解析装置で手に負えるほど単純な表現型でもなく，明快な事象でもない．指先が触れて文字に書く以外にな

いほど，複雑な運動を相手にしているのである．

　解剖学にのめり込む人間の探究の動機が見えてきただろうか．私たちは，発見のその瞬間を，自分だけが触知する．自分だけが五感で知ることに，最大の幸福を感じているのである．五感，あるいはセンスというのは，その瞬間が主体者に独占されるという一つの価値の宇宙をつくりだしている．解剖学はまさしく人間の数だけ，そしてその人間が謎に挑戦する場面の数だけ，感覚の宇宙を生み出している．その瞬間にその宇宙の中に取り込まれた私が，最高に幸福なのだ．

　この宇宙は恐ろしくも，時空を超えて交信できる．ダーウィンもキュヴィエもラマルクもリンネも，おそらくはアリストテレスですら，人間個人としては自分と同様に，新しい真理の宇宙の住人であったはずだ．そのことを感じながら学問ができる喜びと怖れを感じ取ることができるという点において，おそらく解剖学を超える学問は存在しないとすらいえるだろう．

　他人のつくった装置や道具や，ましてやデジタルテクノロジーの商品を悪くいうつもりはないが，私は人生最高の発見の瞬間を，そんな瑣末な測定分析装置に委ねる気はさらさらない．自分の指先が自分の目が見出す真実をもって人類を新たな知に導くからこそ，解剖学のこのプロフェッショナリティに最大最深の愛着が生じるというものである．

1.7　若干の修飾

　では現代において，解剖学がみな五感のみで仕事を終えてしまうかというと，そうではない．発表の場は，多くの人が加わるべき論理の場であって，当然そこでは，データ解釈における主観の介在を少しでも減じる努力がなされるものである．「私が触ったら，オオアリクイの顎は側面方向にハの字に開いた」と触知そのものを主張する行為は，死体を対象にした真に美術芸術解剖の局面では十分に完結し得ることだが，生物学との有効なやりとり中では，関心を呼ぶことも困難になる．

　そこで取り得る手段として，通常は定量化に向かう．ただし，定量化が金科玉条である他の科学分野と異なって，動物の形の定量化は一筋縄ではいかない．解剖学者にとって，定量化はやむなく採り入れている表現手法の一つといえる

だろう．

　たとえば組織学，すなわち顕微鏡サイズの話を例に挙げると，遺伝子発現や蛋白質の局在は，何らかの発色を組織上で行って，現在であればその発色の強度や分布を比較的容易に画像解析の結果として定量的に議論することができる．そこに統計学的処理を介在させて，対照と比較した有意な差を検出するのが，筋道というものである．しかし，他の観察手段と異なって，組織や細胞を見る観察者の多くは，すでに発色が見えていることそのものに十分な手応えを感じ取り，その後は統計でうまく説得力をもたせられればという証拠固めの工夫に入っていくことだろう．

　本書の例たるマクロの解剖学で語るなら，オオアリクイの下顎の開閉方向は，まず可動域を角度で示すことが可能であろう．何ら道具らしい道具がなかった時代ですら，治具を拵えて分度器を用いて最大開閉角度を計測することはできたはずである．実際，解剖学は，デジタルと無縁の時代に，長さなら物差しに巻き尺を，重さなら天秤にバネばかりを，面積なら切り刻んだ紙片の重量を，体積なら流し込んだ水を使って，正確なデータを蓄積してきた．

　他方，いま私たちは，高精度のデジタルノギスを，画像解析システムを，三次元入力装置を，苦労しながらも一通り揃えつつある．これらの運用により，定量化はある程度まで可能となっている．高精度の定量化機器は，解剖学における高度なインフラとして導入が推奨されてきたものだろう．しかし，本節の論旨を思い出してほしいのだが，こうした機材がもたらしているものは，解剖学の本質部分とは若干のずれを生じている．これらは，解剖学の本質を通り過ぎた後の，いわばできるだけ多くの人に対して関心をもってもらうための定量性や数値化のために用意される装置なのだ．躊躇せずいうならば，私たちは副次的定量化のために，大量の原資を費やしているといえるのかもしれない．残念ながら，私たちの生物学は，本質・核心よりも研究の高度さの象徴を導入することを余儀なくされたと指摘できよう．つまりは，解剖学者が真に何を喜び何を怖れているかを論じることなく，ただ後づけの定量化のための機器を，何百万円何千万円という金額で導入することを推進したという反省はあってしかるべきである．

　いずれにしてもそうして，オオアリクイの下顎の開閉角度は，いまでは死体を用いたX線CTスキャナーとその三次元復構・画像解析システムによって，

平易な操作で求められる．次にはその90度捻じれた顎関節を動かす動力としての咀嚼筋群の性能を，精密な電子天秤で筋肉重量を計測することから求めていくこととなる．

　通常，骨格筋の運動性能が数値化され，死体から骨格運動の可動性が定量的に確認された段階で，五感による発見の段階を通過して，再現性をもった解析結果として認知されることになる．それが，他分野あるいは自然科学全体との至当な知の交換に必須な，大切な段階に入ることだということを否定するつもりはない．しかし，やはり立ち返れば，解剖学者としての湧き上がる好奇心の「宇宙」は，定量化のステップにおいては過去のものとなっているのである．すなわち，常日頃から多くの科学者が普通に評価する定量化は，解剖学者にとっては精神の至福や高揚を通り過ぎた上での，表現上の若干の修飾とすら呼べる，矮小な作業なのかもしれない．

　もう一点，付け加えておこう．このオオアリクイの場合，最終的に，顎骨に対する触覚のセンスのみでは，ハの字に開口することの真の意味はつかみきれないといえる．オオアリクイの場合，その後のヒントを与えてくれたのは，舌と喉頭部の解剖である．50 cmを超えるような異様な長さの舌．それを伸ばしてアリ・シロアリを捕食するこの動物にとって，長すぎる舌をつねに制御することが顎の果たすべき機能として重要になっていることを，舌を観察する自分の目が感じ取っている．次に考えるのは下顎を小さく閉じたときの舌の運動である．舌を伸長させるとしても，口腔の体積が広ければ，舌を安定させることはできない．そのためにオオアリクイは口を閉じ，狙いを定めて舌を打ち出すことができる．逆にアリを捕まえた舌を回収し，喉頭付近まで食塊を運び込むには，口腔内部に十分な体積ある空間が必要となる．だからこそこの動物は下顎を側面に向けてハの字に開くのである．

　つまり指先の触知によって発見を得た私は，そこで十分に解剖学者としての宇宙を生きる瞬間を得て，満足なのである．その後，いくつもの部位の解剖を通じて，次第に正確な論理に近接するといえる．そして最後に必要とされる定量化は，もはや発見の修飾でしかない．その段階においては，アリクイの採食行動を生態学的に観察することも重要度を帯びてくる．そうした博物学的探索の集大成として，解剖学の成果は一段落の落ち着きに向かうことができる．

　ちなみに，解剖学に近い五感とセンスの構築が，他の学問体系で生じないか

と探してみたことがある．基本は生物学にあり得そうであるが，必ずしもそうではないのかもしれないと感じる．地質学の中にとくに岩石学という分野があるが，岩石を砕きつつ進められる発見の現場が多分に五感に頼っているのを見て，解剖学との類似性を感じ取ることがあった．岩石学も他方で，地球科学と名づけられたように大量の分析機器を投入して当初から五感が喪失するかたちで推進されてきているので，ちょうど解剖学者の多くが失職し，塩基配列の分析業種に置換され，自然科学の場から触知がなくなったのと同様の状況が，地質学でも深まっているものと理解できる．

　本章では，紙面を使って，「なぜ私たちは形を見てしまうのか」という，動機についての普遍的論点にメスを入れてみた．おそらく本書の，そして私の見解は，伝統的に長く説明されてきた解剖学の意義と合致する部分もあると同時に，まったく異なる論説に及んだ部分がある．後者はとくに私の一人称の言葉に関する部分であるが，今日の解剖学が外の世界に向けてほとんど語ろうとしなくなった内容であり，同時に解剖学の永久不変の真実である．解剖学を発展させ，多くの人々にその道を創ってもらうためには，近代自然科学における定量化というこれまた永久不変の世界観に抗して，つねに体当たりをもって解剖学のアイデンティティを見せつけねばならないという，私の信念と確信をここに綴った．

　解剖学が進められる上での美的要因については，また本書のどこかで論じなくてはならない．美にまつわる内容はしばし休題にして，そろそろからだの中身の話に入り込んでみたいと思う．

2 からだの軸と空所

2.1 体幹の考え方1　脊椎

　動物の形態を思慮するときに起きている観察者の側の動機や姿勢は，前章に述べた．現実の解剖学においては，表現型の機能はもちろんのこと，歴史を考える上でも要素還元をほどほどにとどめておくことで，初めてからだの全体性がとらえられる．限りなく細かく要素に分けてからだのパーツ間あるいは領域間に潜む相違をあぶり出していって，鰭Aと鰭B，骨Aと骨B，そして突起Aと突起Bの相違を検討してみても，ある段階に達すると体制のアイデンティティの記述には貢献し得なくなってくる．

　からだの形は，要素還元に依存していくことでは機能性と歴史性の要求に応えることはできないと考えられる．立ち位置をほどほどの還元論にとどめることが，マクロ解剖学の論理構築にとって唯一無二の妥当性を得る道であることを，しばらくの間，目的意識の中心に据えよう．

　話を体幹から進めたいと思う．体幹は概念として体軸を設定して議論するものだ．いま扱っている範疇でいえば，体軸の実態を一定の表現型に換えてくれているのは，通常脊椎である．もちろん原索動物なり脊索動物なりという名があるように，現生のナメクジウオや5億年以上前のピカイアのように，原初的体軸構造物として脊索を想定してくれて構わない．しかし現実には，ほとんどすべての脊索動物で，脊索は胚子の時期に消失し，置き換わるように十分な強度をもった脊椎が生じる．

　脊椎動物のアイデンティティはいくつもあろうが，最初に頭と体幹に分けて考えるのがよい．頭とはここでは脳と同義だ．つまりは前の方で神経管が太く膨らんだ部分が頭で，その後方が体幹である．ナメクジウオには脳の部分が見当たらないが，いずれにしても頭のことは後の章まで棚上げにしよう．まずは，頭と体幹という，前後に明瞭に異なる二つの部分を分けて備えていることが脊

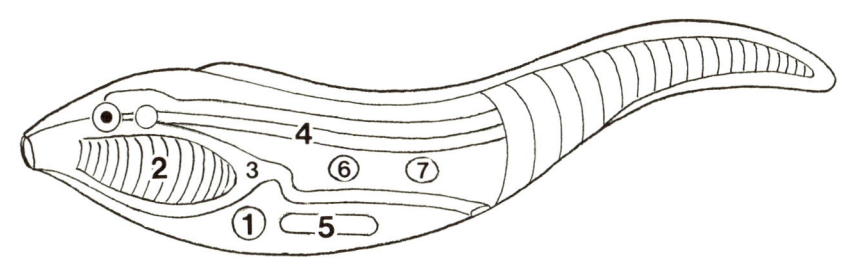

図2-1 脊椎動物のからだ．頭と体幹からなる．前後を貫く体軸が想定でき，基本は整った左右対称性を備えると考えることができる．1：心臓，2：咽頭，3：消化管，4：神経管・脊髄（脊索あるいは脊椎と並走），5：肝臓，6：腎臓，7：生殖腺．（描画：渡邊芳美）

椎動物の最大の特徴だと認識しておいてほしい．

　話題は体幹である．脊椎動物には，からだの軸に脊椎を備え，オリジナルには左右対称につくられる体幹，いわゆる胴部分が生じる．体幹の原初的な姿は背側に神経管，その下に脊索，両サイドに筋肉，もっとも腹側に消化管を備えた，いかにも美しい合理的構造である．すぐ後でふれるが，体幹は最後部まできれいな繰り返しの形状，すなわち体節をつくっている（図2-1）．

　同じ脊椎動物でも，水棲であるか空気中に横たわっているかで，脊椎の存在意義は根本的に異なっている．動物のからだが水中にありさえすれば，重力を浮力で打ち消す世界にいるわけだから，脊椎は水中での推進器，つまり運動装置の一部を構成していればそれでよいことになる．つまり，脊椎動物の体幹は，その起原において，水中での個体の推力を確保するための唯一の推進装置である．水中においてはからだにかかる重力に抗する体制の力学的支持の能力は相対的に低くて構わないゆえ，真に機能として要求されるのは，体幹をもってして全身の推力を産出し個体の移動を実現するという，移動装置としての位置づけである．

　他方，通常は骨も軟骨もそれ自体ではマクロレベルの運動性をもち得ないので，脊椎は運動の起点としての筋肉の配置を一定程度に決める力学的支持体でもある．この場合の力学的支持体は，それ自体が互いに相対的位置関係を変位させなければならないので，実際には，単一の剛体ではあり得ない．そこに多数の剛体に分割されながら筋肉を空間配置し，結果的に剛体どうしが支障なく連続しながら，非常に大きい可動性を保証した骨格列を形成する．

　体節なる構造が機能的に合理性をもつかを語らねばならない．そしてもう一

つ，生息環境に適応して生残していくのであるから，体節構造に一定のアドバンテージがあることを表現型として語っておくことが必要だろう．

　もっとも単純な答えは，体節の意義を運動性のみに帰着させることである．体節に分割され得る力学的支持体は，個々の体節を連結した複合体として運動を生起し，実際に推進力をもつ体幹の基本的機能を果たすことができる．脊椎動物の完成型として一般化できる体軸を構成する椎骨の連続的な設置と，それを複数の剛体として屈曲させる運動機能は，体節性を前提とする脊椎動物が実現できる最大限に優れた移動システムの姿であるといってよい．体節構造の意義については他の語り方も十分にできるのだが，とにかく最初は運動性の担保として話を進めておきたい．

2.2　体幹の考え方2　対称性の保持と崩れ

　さて，では椎骨列をどう引張すれば，水中での高い運動性を保持できるかを考えることにしよう．力学的な検討のみを考慮するなら，体幹の横断面において脊椎を対称軸あるいは対称面として，反対側に相当する筋束どうしが対になって，椎骨列に屈曲と伸展を起こすための収縮と弛緩を繰り返すことができれば，推進措置となり得る．他方，後述するが，推進さえ可能なら，脊椎動物の体幹の運動面は，脊椎を中心軸とした360度の円周のどこに設定されてもよかったという見方もできる．

　しかし，実際には，脊椎動物は，正中面に対して極力左右対称の骨格筋配置をとっている．分子発生学的に正中面に対する左右対称性の構築メカニズムを語ることは別途行われようが，脊椎動物の運動に関わる基本的ユニットが左右対称性を採り入れたことは，運動の自由度の可能性を左右方向のみに制限することに繋がったと考えることができる．

　ところで，マクロレベルの表現型から説得力をもって主張できる左右対称的運動の妥当性は，実際には神経系からの議論でも説明できる．神経系に関しては，いかに自由度を広く求めて考えても体軸中心に360度に均等に装備することには至らない．つまり，外界情報の収集については，受容器を対外的に360度の全方位に均質に配置することは，脊椎動物には困難である．外部情報の受容を最大限360度に対して行うことは，おそらく，受容器や求心性神経の配列

を実現する際に，無限に大きなコストを要することに繋がってしまうからである．

　この，なぜ脊椎動物の推進運動が左右対称性の運動で成り立っているかという疑問については，発生学的メカニズムで説明せずとも，コストを満たすための機能の節約という考え方で説得力を得られると思う．受容器を360度に配置し得ないということは，運動器が至当に全方位に対称性をもたないことの証明であると考えることができる．そもそも体軸頭側方向への推進において，運動器を脊椎中心に360度の方向へ対称的に配列することはおそらく理想的であるが，それで得られる微小なメリットよりも，万能の理想を多少崩しながらも，節約的に体幹を構築する方が，おそらく生存のための理に適っている．直感的に分かりやすい例として神経系にふれたが，たとえば，運動性（遠心性）神経の配置に関しても，おそらくは360度への普遍の投射は，コストの増大を招くことが間違いない．体軸に対する左右対称的運動を一定に備えさえすれば，いくつかの点で制約を受けるとはいえ，むしろ最低限の投資で，体軸と体節が保証する運動性を最大限に実現する設計になっていると理解することができる．

　発生学的な体の軸決めについては，中等教育でもふれられているかと思う．早期の原腸胚期の原腸陥入に事は始まっている．落ち込んでいく原口を基準にして，内側と外側の区別が生じ，内胚葉，中胚葉，外胚葉の各予定域が配置を決定されていく過程である．胚葉領域の再配列とともに，体の前後軸も決まってくる．組織の部位でいうと原口上唇部，すなわち原結節やヘンゼン結節がいわゆるオーガナイザーとして働き，分化誘導を促すとされてきた．内外，前後，背腹の分化に関する分子発生学的メカニズムについては，大量の知見が蓄積されているので，他書をご覧いただきたい．

　次節以降で，体幹筋の背腹の区別についてマクロ的に語るが，もちろん元をただすと，これも原腸胚以後の体軸の決定に行きついている．仔細は省くが，細胞群に腹側の特徴を与えるファクターの抑制によって，胚は，脊索や体節中胚葉など，背側の特徴を備えるとされている．前後方向，つまり体節構造も，神経管や沿軸中胚葉を強制的に前後に分け隔てる発生機構が働いて，形づくられると考えられている．

2.3 体幹の考え方3　筋肉の背腹

　体幹の骨格筋は，体軸に対する背腹方向の識別として軸上筋と軸下筋の概念を提示してくれる（図2-2）．左右対称性の運動制御を仮に第一の制御系統ととらえるならば，その90度傾いた制御システムとして，軸上筋と軸下筋の対比が提起できる．

　前節で扱い始めているが，軸上性と軸下性は，機能的には，背腹方向の屈曲と伸展を制御するために対をなしてはいるが，360度全方位の形態学的対称性を当初から乱れ始めさせた例であるともいえる．そのことは幾何学的な対称性の崩壊ということを意味しているだけでなく，ユニットとしても機能性における背腹対称性の乱れを持ち込んでいる．

　軸上筋と軸下筋は，魚類を中心に水中推進する脊椎動物にとってはいずれもよく発達しているといえる．しかし，脊椎動物全体を見渡したときに，推進力の発生源であったり，体形や姿勢の固定により大きな意義をもつのは，実際には軸上筋に限定されてくる．

　軸上筋は先の議論を組み入れれば，体幹の背側を中心にして，正中面を対称面にした左右屈曲運動を実現する主体的な装置となる．他方，軸下筋は軸上筋の左右対称運動に対して大まかには同様に収縮，弛緩を繰り返すべき位置に配置されている．しかし，実際には，必ずしも推進機能を担う主体者ではない．第一に軸下筋は，当初から，体腔を外側と腹側から覆い，体腔と体腔内臓器を保護する機能を担わされることになった．背側を推進力の主要発生源とし，腹側をその他の生命維持機構の収納場所に設定することで，軸上筋と軸下筋の形状も機能も大きく分かれるべく運命づけられている．

　これらの議論は，左右対称性と軸上・軸下の極性を自明のユニットとして認めたときには，往々にして脊椎動物の形として当然すぎると受け止められてしまうと思う．しかし，軸上対軸下のユニットとしての機能的特異性を当然のものと考えすぎるのは，広く動物の体制の理解を妨げる危険につながる．脊椎動物の左右性と背腹の相違が内包するのは，実際には運動の自由度の低さであろう．からだを構成する機能的ユニットは，確かに体制を高度化させる中で，必ず進化する．しかしそれは，そもそもからだをかなりの程度まで自由に設計できたはずの動物の側から見れば，すでに系統的歴史的には袋小路への道を歩み

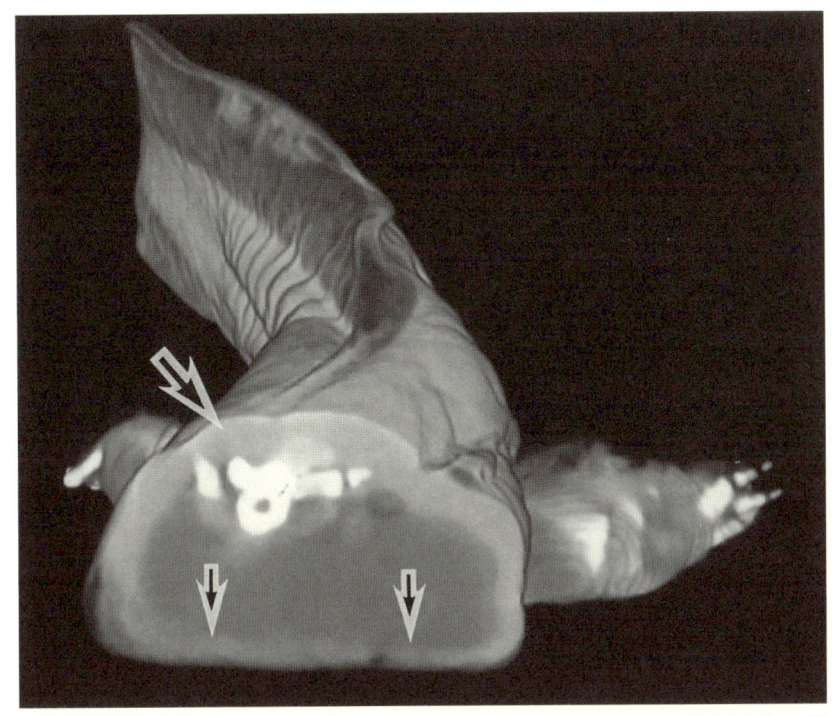

図2-2 軸上筋と軸下筋の実例．オオサンショウウオ全身のCTスキャンによる三次元復構像を切削した横断面である．頭側少し背方より見た．運動機構として比較的発達のよい軸上領域（大矢印）と，内臓の保持壁面にしかなっていない軸下領域（小矢印）が見られる．

始めていることを意味している．

2.4 体幹の考え方4 袋小路に入った軸下筋

　実際，軸下筋は，二次的に著しい機能形態学的変更を受ける．陸棲への進化にともない，軸上筋も軸下筋も抗重力適応を遂げることになるが，とりわけ軸下領域が受けた影響は大きい．一つには，内容構造を含む体腔を，重力に抗して地面側から下支えしなくてはならない状況が生まれる．体腔の形状維持や，体幹全体の姿勢保持，体腔内臓器の保定などの，進化史の当初には想定されていない，ユニット全体に及ぶ新たな機能的要求が生じ，それを軸下筋が概ね引き受ける位置にあったということがいえる．

また，広い意味で魚類は，対になった鰭，すなわち対鰭を備えて，より運動能力を上げるように早期から進化している．対鰭を中心に，運動器官の消長や適応に関して，軸下筋は直接影響を受ける空間的位置，つまりは配置に曝されたといえる．むしろ，軸下筋は早期に，腹側の鰭，とくに対鰭の設置を合理的に可能とするような形態をとり始めているといえる．

　魚体の形状自身は流体力学的に決定されるとともに，必要な遊泳特性を満たす軸上筋，軸下筋の配置，体腔体積の占有，鰭の配列などと関連をもちながら決められる．体腔に最低限奪われる体積と，とくに対鰭の配置は，軸下筋の形状の決定要因ですらあろう．そして最終的には魚体形状との形態学的相互関係の折り合いをつけられるかどうか，という形態デザイン上の妥当性の中で，軸下筋の存在様態が決められるといえる．

　対鰭に関しては，後段でまたふれたいと思う．初学者には，四肢だとか，左右対称に生じている鰭だとかを想起してもらえれば，当座は十分である．その骨格や機能性についてはまた後で論議しよう．

　対鰭は，脊椎動物が陸上生活を派生した時に，体重支持歩行メカニズムとして四肢構造に変化する．完全に陸棲適応した場合には，軸下筋が対鰭と体腔に対して占有体積を奪い合うという実態は影を潜める．それよりも，運動性・姿勢保持の確保が軸上筋と四肢だけで実現できるようになることで，軸下筋の相対的な機能性の低下が方向づけられたということができる．軸下筋は，最終的には，四肢駆動性の完備とともに，推進装置の動力源としての意義をほとんど失ってしまう．

　体腔は脊椎腹方で，脊椎列とおもに軸下筋で囲まれた空所となって残る．心臓として特殊化しているかどうかはともかく，体腔と一対一に形成されるものが心臓である．後でふれる消化管は，消化機能を果たすユニットの合理的設計からすれば，口と肛門を結ぶ外表面の連続であれば，それでよいことになる．もちろん消化管を体腔と無関係な位置に貫通させるわけにはいかないから，最終的に体腔の形状と容積を決める最大の要因の一つが，実は消化管であることは明らかだ．体腔については，また後ほど深入りしたいと思う．

2.5 "そこそこの表現型"とユニット

先ほどからユニットという言葉を導入している．さらにここで"そこそこの表現型"という言葉を使い始めたいと思う．少なくとも既存のマクロ解剖学において教科書的に明言される概念ではないが，重要な考え方であるので本節で整理しておきたい．

二つの言葉ともに，簡単にいうと，形を基軸に動物の全体性に迫る概念である．現実には，とどまることを知らない要素還元への欲望を，途中で断ち切った段階を指していると思って頂ければ至当だろう．

ここまでの例で，軸上筋，軸下筋というのは，"そこそこの表現型"であり，ユニットでもある．それぞれを指す万人に客観的な定義は存在しない可能性が高い．だが，私たちは軸上筋と軸下筋をほぼ一致して指し示すことが通例できるであろうし，その概念を重宝に運用している．

"そこそこの表現型"とユニットは，「私たちはなぜ形を見てしまうのか」という本書冒頭の問いとも一致して，動物のあるいは生物の形を，機能性と歴史性をもって論理づけていく時に便利で重要な，体制の分割，グルーピングなのである．

私自身が，"そこそこの表現型"とユニットの二つの言葉を，厳密には使い分けないと思う．前者に比べると後者は，たとえば古典的な器官系や臓器と一致する場合がより多いのかもしれない．とりわけ歴史性において前者はより観念的で，機能性において後者はより明瞭な言葉として活躍し得るかもしれない．後者はたとえば個体レベルでものを考える生理学者なら，頷いてもらえる概念でもあろう．だが本質的にはあまり差異はないので，しばしば安心して両者を同一視していただければ幸いである．

分子発生学は，ときに"そこそこの表現型"を意味のない観念論の産物として否定してきた．揶揄すれば還元主義は"そこそこの表現型"を破壊することで，勝利の凱歌を歌い続けたのかもしれない．それで大いに構わないと思う．

だが大切なのは，"そこそこの表現型"とユニットは，形の機能性と歴史性を語るときに，現実に観察者に良質なセンスを与えてくれるということだ．それを無意味と断じた場合に，解剖学自体を不要とすることさえ危惧されるほど，表現型の認識と解析には不可欠な概念である．生物が単純に細胞の足し算やゲ

ノムの掛け算で形づくられないのと同等に，"そこそこの表現型"やユニットを想定できない体制の理解は，健全ではない．躊躇せずにいうなら，解剖学とは"そこそこの表現型"を扱い得る唯一の学問体系である．

2.6 体腔の考え方1　体腔心臓系

先述の通り，体軸の考え方を知った初学者が次に学ぶべき概念は体腔であろう．実は体腔というのは解剖学の学び始めには理解が難しい．実体が細胞や組織で埋められているというよりも，概念としての空所にすぎないからである．臨床医学教育などでは，体腔を内部の臓器と一緒に，ヒトやイヌネコの全身状態を決める空間として独り歩きさせるため，またもや，体腔とは何なのかという疑問は，医学や獣医学では生じ得なくなる．いきおい，体腔の進化の研究は，解剖学，基礎動物学の独壇場となる．

ユニットというか"そこそこの表現型"というか，進化史上で派生的に完成された体腔をひどく大雑把に指すならば，たとえばヒトやイヌやヘビやサンショウウオの胸部か腹部の中身である．一定程度進化した脊椎動物に対しては，応用実学の人々は，臨床や農業の要求もあって，胸腔，腹腔，骨盤腔と，それぞれが属す産業の作業内容に応じて，多分に便宜的に体腔を場所ごとに分ける．もっとも胸腔と腹腔の境界には横隔膜が形成されているので，あながち進化史を無視した区分でもないかもしれないが，少なくとも歴史学として体腔を扱う姿勢がそうした学問分野に存在するわけではない．本書ではしばらくの間，こうした実学に染まる以前の初学者に向けて，脊椎動物進化の機能論と歴史論から大きく外れることなく，体腔を理論に即して語っておきたいと思う．

体腔を別の角度から表現する構造が，実は心臓である．体腔は通常その最も頭側に心臓をつくりだす．心臓の発生学的材料の大部分は，体腔上皮だ．ナメクジウオあるいはホヤまでさかのぼれば，心臓は器官として完全に分化したとはいえない状態である．体腔に背側から吊られた収縮力のある筒が心臓であり，それは体腔の内のりとあまり変わらない状況とすらいえる．知識として知らないとセンスに結びつかない例であるが，心臓は体腔とつねに一体である．5億年以上に及ぶ進化史の間，心臓は体腔から独立して振る舞ったことはけっしてない．

逆にいうと，最古の形として体腔があるとして，そこにちょっとした形の変化を加えた構造が心臓である．ただの空所でしかないとした体腔に，いかにも筋肉でがっちりとつくられた心臓を同一視するのは違和感があるかもしれない．しかし，心臓は結果的にはおもに横紋筋で構成されたまるで命を象徴するかのように拍動する実質的器官に化けるが，これは，ただ体腔を内のりする一枚の上皮細胞と同列視するべきである．

　あまたの実学系教科書に走り書きされている「血管は心臓の特殊化したものである」という記述は"そこそこの表現型"からしても，もちろん要素還元の立場からしても，事実に反する．機能論を精一杯用いた場合に，心臓循環系なるシステム論が生み出され，それがいつの間にか心臓＝血管特殊化論に化けたことは明白である．ひとたび見た目の機能論が批判されることなく現出すれば，形の歴史性などにまったく関心のないイヌやヒトの臨床家によって，有害な誤りが拡大してしまう典型例だ．

　だが本書が実学者の形の教育を批判するあまたの局面と異なって，心臓を体腔から独立させて循環器系として一括してしまう誤謬は，わずかながらも同情の余地を残している．そう感じるのも，ざっと100年前の偉大な形態学者ヘルトヴィヒがすでに大著の中で，心臓＝血管特殊化論に限りなく近い論述を"完成"させているのである．機能形態学者にとって，精密な目で観察すればするほど，歴史性が薄まってしまう．これもまた誤りがたどるよくある道である．本書はこうした誤りはもちろん正すが，だからといって，この手の誤りを正すために要素還元に拘泥し，観察触知センスを失った若者が増えることを望んではいない．

　心臓は体腔と不即不離のセットで認識すべき構造である．血管は循環系のシステムからすれば確かに重要であるが，その主要部分は体腔とは無関係に背側や尾側の間葉領域に生じるべきものである．体腔と意味ある一体性を備えるのは，あくまでも心臓のみである．

　心臓を備えない体腔というのも多分に観念論的であるので，基本は，空所であって，その一端の背側から心臓をぶら下げているのが，体腔の原初的な姿だと解釈しておこう．それ以外の諸構造については，後段で話を進めたい．

2.7 体腔の考え方2　心臓のあけぼの

　体幹腹側に心臓をぶら下げて発生するスペースが体腔である．当初の機能は理解するのが難しいのだが，表に出しておくわけにもいかない生存のための装置を，体軸に関連する筋群で覆いながら抱え込めば，ついには空所が構成できるので，それを"そこそこの表現型"としての体腔と考えてよいだろう．

　体腔の個体発生にこの章では深入りしないが，概念的にはからだの腹側に開いた一定程度の体積のあるスペースである．背中側は脊索・脊椎や神経や動脈を走らせるからだの背側部がつくり，腹側に当初広がっているのは卵黄嚢である．最終的に腹壁が閉じればもちろん閉鎖した空所になるが，発生が進むまでは腹壁は開放したままであることは珍しくないから，概念的定義的には，閉鎖していない段階から体腔と呼んでいる．

　背側を胚子の実体部分，腹側を卵黄嚢で囲われていて，からだ全体のサイズに広がった高さの低い空間を体腔だと考えることができるだろう．その範囲において，体腔はあくまでも単一のスペースとして始まっている．

　さて，心臓の特殊化と同時に，体腔の特殊化も開始される．特殊化とは，形の進化を考える上では重要な考え方で，構造の形態学的あるいは機能的独立と集約と細分化を指していると大雑把に理解していただきたい．"そこそこの表現型"ができてくるのも，ユニットという定義が活用され始めるのも，観察者にとって，構造が特殊化することをきっかけにしている．

　本当の最古の心臓はホヤの体腔にぶら下がったハンモック状の心筋細胞のシートではないかと考えられている（図2-3）．心筋細胞と書いたが，現実には体腔上皮細胞が余分に発生して天井からぶら下がったもので，形状を喩えれば，旗の吹き流しのような構造である．ホヤにはまだ血管はなく，吹き流しは単に体腔の内容液を攪拌するだけの役割しか果たさない．それでも体液の最低限システマティックな流動は，個体レベルの生理学的機能を高度化する可能性はある．そのためにこそ，この原始心臓は誕生したと考えられよう．

　この心臓であるが，血管を備えないがゆえに至極孤立した臓器に見え，体液の流れをいい加減な方向へ生み出すだけの単純すぎる機構だ．一定方向の拍出ではなく，ときどきまるで気まぐれのように拍出の方向を変える．こうしたホヤの心臓拍出は，心臓が体腔の一部であって，血管からの派生物ではないこと

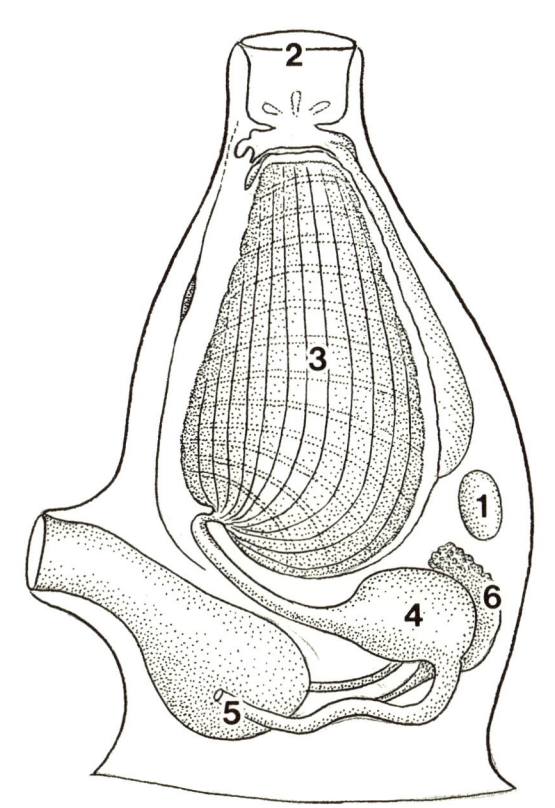

図2-3 ホヤの心臓．体腔内に孤立した小さな臓器として始まる．心筋細胞によってつくられる"吹き流し"だ．接続する血管はなく，体液を両方向に交互に攪拌するような装置だ．体腔上皮から分化する．1：心臓，2：口，3：咽頭，4：胃，5：肛門，6：生殖腺．（描画：渡邊芳美）

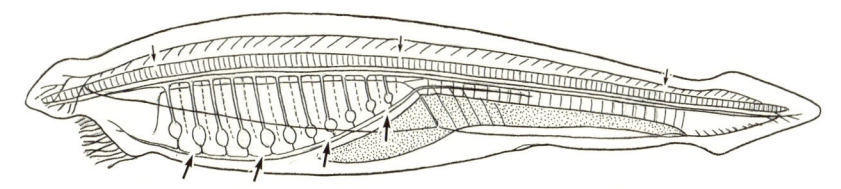

図2-4 ナメクジウオの左側面観で心臓（大矢印）を見る．鰓の腹側で血流路の壁に散在する未分化な心筋組織である．ラングハンスの小心臓とも呼ばれる．小矢印は脊索．（描画：渡邊芳美）

を明らかに示しているといえるだろう．

ナメクジウオの心臓は細かく分かれているために少々論議が難しい (図 2-4)．しかしいずれにしても脊椎動物の心臓はホヤを出発点にして，かなり特殊なユニットとして形成されるようになる．もちろん魚類の段階では，原始的な静脈から派生的な動脈に至るまで血管系が完成してくるので，心臓の高度化を受ける体制側の準備も多様化しているといえる．この高度に特殊化した心臓が，体腔の運命を変え始めるのである．

器官として特殊化した心臓を安全に収める空所を形成するために，一体であるはずの体腔は隔壁で分割され始める (図 2-5)．最初にできる隔壁は，心臓とその後方を分断する横中隔である．横中隔という言葉を聞くのは初めてであろう．だが，とりたてて特殊な構造でもないから，心配する必要はない．そのごく一部は，進化した脊椎動物の横隔膜の，おそらくは腹側寄りの要素としても現存しているはずだ．

横中隔は心臓の発生する領域を，隔離されたポケットのような部屋に分ける壁として成立してくる．横中隔は拍動する心臓を体腔の頭側腹方に閉じ込める役割を果たす．なぜその隔壁が必要であったかは，正確には難しい．空気中に生きる必要のない魚類であるので，少なくとも体内外のガスの出し入れのために体腔内を細分化しておく必要性は低い．それよりも，魚類の体内で極端に運動性の大きなユニットである心臓周辺を他のユニットから物理的に隔離することが，機能として要求されたのかもしれない．

体腔は，いわばその一部を"暖簾分け"して心臓を生み出し，生み出した心臓が今度は体腔という本家に，特殊化の証として分割を強いていった構図が想定できる．

動物の形は往々にして，この体腔と心臓のような協同作業の末につくりあげられていく．生きている細胞どうしの働きかけのようなことは，細胞生理学や分子生物学や内分泌学や神経生理学で学ぶであろうが，要素還元せずとも，"そこそこの表現型"が二つあれば，動物はそれを進化の両輪のように回して，次なる"そこそこの表現型"をつくりだす．二つならず三つ四つと複雑な相互関係であれば，体制の高度化も複雑で，おそらくは次なる形を生み出す速度も速まるであろう．

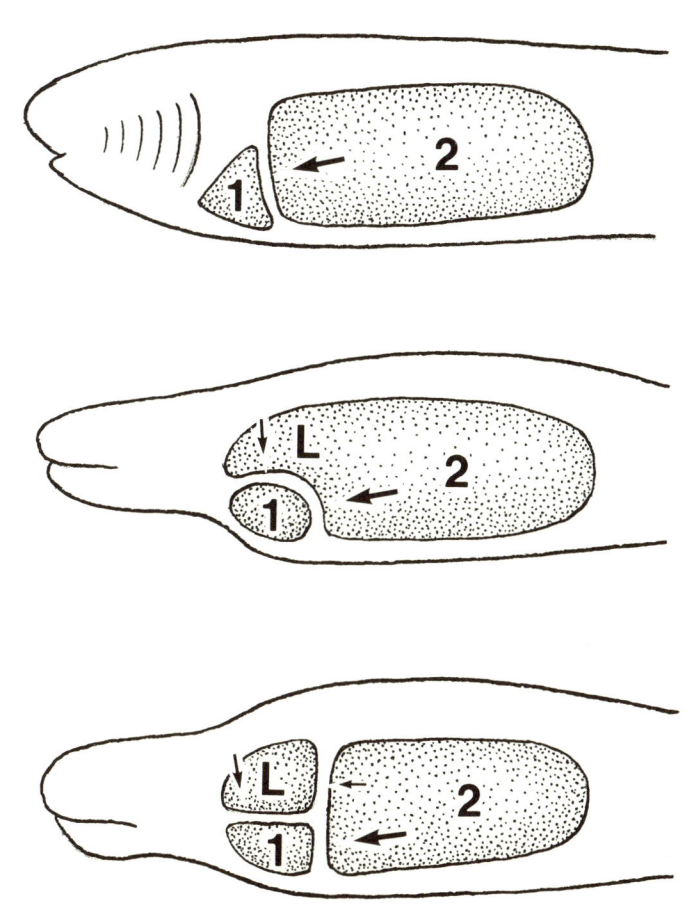

図2-5 体腔の進化．もともと心臓は体腔とともにある．胚子期を考えれば閉鎖した空間である必要もないが，少なくとも成体の脊椎動物にとっては，心臓や消化管や肝臓などを容れる大きな空所だ．機能分化にともなって，体腔はユニットとも呼ぶことのできるいくつかの空所に分かれて進化していく．図の最上段は魚類，中段は両棲類や爬虫類，下段は哺乳類を想定した模式図である．1は心臓の位置，2は体腔後方部，Lは肺の位置を示す．体腔を分ける最古の隔壁は横中隔（大矢印）で，心臓の入る空所を他の体腔から分離する．続いて胸心膜（中矢印）が心臓と肺を，最後に胸腹膜（小矢印）が肺と体腔後方部を隔離する．哺乳類では横中隔要素と胸腹膜要素を主体とした横隔膜が成立することになる．（描画：渡邊芳美）

2.8 体腔の考え方3　空所の分割

　体腔は脊椎動物の初期から存在する，きわめて古い形である．

　他方，とりたてて扱わなかったが，きわめて古い構造に消化管がある．消化管がどう進化し，からだに何を生み出してきたかは，追って語ろう．初学者にも詳しい説明は不要と思うが，消化管は口から肛門までを貫通する筒であり，粘膜面は体外表面であると考えてよい．体軸に一定程度平行して走る必要はあろうが，本来は貫通していく際に通る場所まで細かい制約を受ける必要もない．しかし，現実には消化管は全長の九分九厘にわたり体腔の中に走る管としてのみ存在する．

　消化管は，心臓のように直接体腔から細胞が分化する実体ではないが，それでも体腔と一体に位置づけられてしまうことは類似している．その理由は，体腔という最古に近い形と離れることなく，消化管もやはり古くからの歴史を歩んできたためである．消化管を問題なく貫通させるには，当初何も障壁のなかった腹腔は，当然の合理的位置にある．高等学校で学ぶ胚葉の分化にふれずとも，"そこそこの表現型"の機能性と歴史性からも，合理的なデザインを，消化管は体腔とともに生み出してきたといえる．

　さてその後，陸棲生活に適応した体制の改変，修飾において腹腔は激的な変化を遂げる．そうした体腔の激しい変形の多くは，体腔そのものの話題であるとともに，循環器系や呼吸器系として扱うのが好都合であるので，論述を別に譲ろう．しかし，体腔そのものは，横中隔を初期構造として，付加的な隔壁を随時つくりだしていくという面をもっている．

　たとえば，鳥類の斜隔膜や哺乳類の横隔膜である．これらの構造はその随時性とともに，発生学的には複雑な起源をもつとされてきた．"そこそこの表現型"で見る限り，古い横中隔要素が比較的腹側の隔壁を構成し，逆に完成された新しい隔壁は背側に新たな要素を加えていると大雑把に考えると納得できる．とりわけ複雑な形状をとることを強いられる胸腔背側を，後方の腹腔から遮断しなくてはならない哺乳類にとって，背側寄りの横隔膜は，横中隔要素のみからつくりだせるものではなかったといえる（図 2-5，図 2-6）．哺乳類の横隔膜は複雑な起原をもつ要素の複合体だと考えて，大きく間違ってはいない．むしろ横隔膜自体の定義を，マクロの解剖から生み出すことが実際には難しいこと

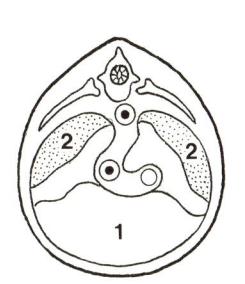

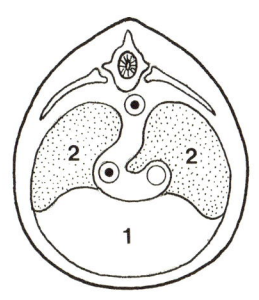

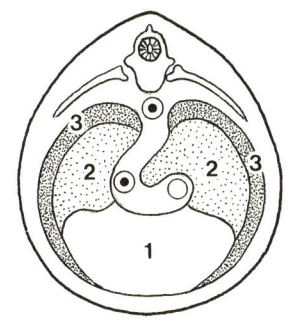

図2-6 哺乳類の横隔膜の発生．左から右へ発生段階を経過していく．横隔膜は体腔を分割する壁としてはもっとも新しい完成品といえるだろう．横中隔由来の要素 (1) から，より新しい領域 (2, 3) まで，発生学的に複雑に混ざり合ってできた構造だと考えられる．1：横中隔，2：胸腹膜（胸腹膜ヒダ），3：体腔内壁から発達する骨格筋要素．体幹を横断して見た．上が背側．（描画：渡邊芳美）

に気づく．横隔膜のとある要素は肝臓支持部でありおそらくは腹腔臓器との関連が強く，またとある要素は卵黄静脈と呼ばれる最古の静脈と無関係ではなさそうである．こうした要素の集合体を"そこそこの表現型"として総括しながら，改めて横隔膜と呼んでいるというのが正しいだろう．

体腔を分割する要素は，横中隔以外には，いずれにしても横中隔よりもかなり新しい歴史をもつと考えてよい．それとまったく別に，隔壁をつくらないままに，単一の空間が事実上，機能特化して，体腔空間を機能的に分割することが適宜行われる．たとえば爬虫類や哺乳類の腹腔後方は生殖器の収容場所として特殊化する．その空所は往々にして陸棲脊椎動物の腰帯によって大まかに周囲を覆われ，外界からより確実に保護され，また力学的に支持される．

雌性の生殖戦略が胎生の場合，体腔後部は，さらにその機能的独自性を高める．そしてこの機能的隔離空間は骨盤腔と呼ばれることが一般的である．医療や応用農学的便宜からは，骨盤腔はもちろんのこと，収容する器官の機能性に応じて，単一の腹腔を機能的に分割させて認識しようという動機は研究者に少なくない．

軸上筋・軸下筋に続いて，体腔の在り様が見えてきたところで，からだを"そこそこの表現型"で見ることの，見る側の姿勢がつかめてきたことと思う．世にはびこってしまった医師，薬剤師，獣医師養成の浅薄なカリキュラムにおいては，今後読者は，形態学の論理性や機能によって形を識別するセンス，そして"そこそこの表現型"の時空を縦横無尽に動きまわる楽しみは完全に奪われて

しまっているに違いない．またそもそも我が国の純粋基礎動物学に，解剖学は初手から存在していない．

　だからこそ，本書を入口に各人の頑張り，もとい楽しみ方に期待したいところだ．いまをときめく要素還元主義とは何ら矛盾することなく，こうした"そこそこの表現型"を見る力は，マクロ形態学の根幹をつくっていく．マクロ形態学に向けてあれは陳腐だという記号論のレッテルを貼ってきたのは，ただ単に，分子生物学者を中心として全体性なき分析主義者および臨床医を中心とした医師生産教育課程の失策であって，動物形態を観察凝視する目では，いまも謎に満ちたフロンティアであることが自明であろう．本書はこの後も，五感でつかむ真理，形を見るセンス，"そこそこの表現型"，そしてなぜ形を見てしまうのか，という解剖学の本質論を次々に抉り出しながら，論を進めていきたいと考える．

3 頭部の歴史性

3.1 頭蓋の考え方

　前節までに体幹構造・胴体部分の"そこそこの表現型"をながめてきた．洗練された単純な構造が，脊椎動物の体軸周辺部をなしていることが分かってきたと思う．脊椎動物がこのシンプルなつくりをどう変形させて多様な環境での生存を可能としてきたかというのが本書の後半の大きなテーマだ．ここでは基本的な考え方を学ぶ場として頭蓋を選びたいと思う．

　マクロ形態学の成書は，多くの場合，頭蓋を最初の章に据える．それは頭蓋の表現型が系統発生学的制約を分かりやすい形質として見せてくれるため，時に機能への興味の薄い純粋な系統学者にとってさえ，頭蓋が深い魅力をもつためである．そして何よりも，栄養摂取であれ神経統御であれ，生存機能の発揮のための中心的システムを頭蓋が担っているということが，書の冒頭を飾る理由として大きい．つまりはいかに主観を排する書き手であっても，普通は一冊の世界の最初に頭蓋を扱いたくなるという，非科学的決まりごとが存在しているといえるだろう．

　本書のように軸上筋から語り始めた後に，頭蓋にたどりつこうとする形態学者は，1850年ころならば出現する可能性はあったろうが，近年は少ないはずだ．それでも私が頭蓋を体幹の後にもってきた理由は，何も頭蓋を体幹の特殊化したパーツだととらえる古典形態学的ロマンチストだからではない．"そこそこの表現型"として見たときに，私には体幹の方が頭蓋よりも普遍的に感じられるからこそ，頭蓋を後回しにしたのである．

　他方で，気を遣うべき点は，頭蓋は機能的特殊化が早いということだ．本来の基本体制としての頭蓋の理解は，現実に見て認識できる頭蓋の表現型が完全に隠蔽してしまっていることがむしろ普通だ．というのも，先述の通り，頭蓋が受けもつべき機能性は非常に多様で，かつ重要だからである．左右対称につ

くられたプランを生存に導くために，あらゆる統制機能とあらゆる摂食機能を，脊椎や軸上筋の多様化が始まるより前に，すべて完結しておかねばならない．その機能的高度さが，頭蓋の早期の特殊化を招き，その基本プランを表に見えないように隠してしまうのである．

　仮に比較的原始的な系統をとりあげても，それだけでは頭蓋の一般論は語りにくいことが多い．もしあまりにも気になるなら還元論の実験発生学にデータを頼ってみるのがよい．発生環境の複雑化と多様化は十分に学べるであろうが，マクロ解剖学的に認識される形状の面白さからは，議論が乖離することに気づくはずである．組織された高度な機能体である頭蓋のマクロ構造は，厳格な相同性以前に，"そこそこの表現型"をもってして理解を進める以外にないのである．

　少しだけ，神経堤細胞にふれておこう．脊椎動物のとくに頭部のアイデンティティを強く表現してくる一群の細胞である．胚子期の神経外胚葉の両サイドの高まりを神経堤と呼ぶが，そこに現れる移動する細胞が神経堤細胞である．実際にはもちろん頭部ばかりではないのだが，この後登場する鰓弓骨格や顔面頭蓋など，脊椎動物の頭部を形づくる主たる系譜の細胞として着目しなくてはならない．

　注目を呼んで30年以上になるが，神経堤細胞は，内胚葉・中胚葉・外胚葉のどれにも属さない第四の胚葉であり，まさに新しい系譜の細胞として脊椎動物の頭部を形づくるとされた．そしてそのことをもってして，脊椎動物の頭部は，進化史における"新しい頭部"だという印象的な語られ方をしたことも事実である．だが，伝統的に形づくりの根源として語られ続ける三胚葉に比して，神経堤細胞を四つめのものとして対等の意味で語る必要があるかというと，違和感はある．細胞系譜としての独自の歴史的新しさもあろうし，そもそも移動性であるという動態も，三胚葉とは同じ重みで扱えないからである．ただ，脊椎動物の頭部を構成していく上で，質のみならず量的にも明らかなアイデンティティとなる細胞群であることは間違いなく，脊椎動物の頭といえば神経堤細胞を思い浮かべてその独自性を認識してもらうことは妥当だ．

　頭蓋（図3-1）は，"そこそこの表現型"としてとらえると，摂餌や情報の収集に関わる顔面部と，脳を収納する脳頭蓋部に分けられる．前者を顔面頭蓋，内臓頭蓋，食道頭蓋と，後者を神経頭蓋，脳頭蓋と呼ぶことがある．両者を厳格

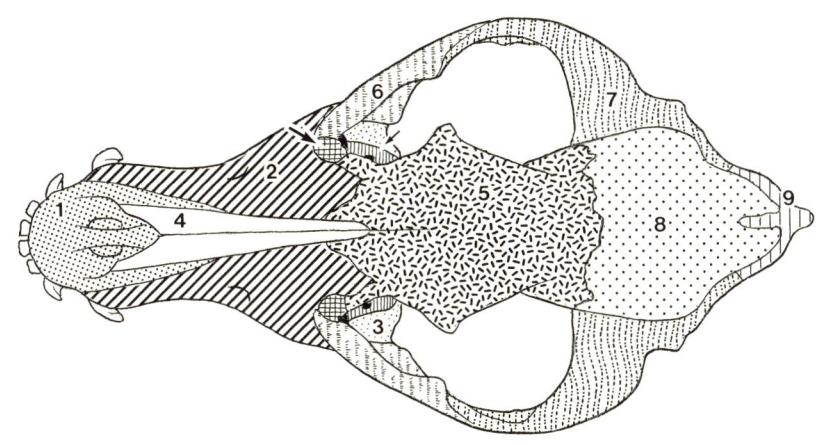

図3-1 頭蓋の諸骨．諸骨は発生学的に区別されるが，顔面頭蓋と神経頭蓋にグルーピングされてきた．頭蓋は機能性からも，栄養摂取装置である顔面頭蓋と，脳を収納する神経頭蓋に二分して考えることができる．1：切歯骨，2：上顎骨，3：上顎骨の後部，4：鼻骨，5：前頭骨，6：頬骨，7：側頭骨，8：頭頂骨，9：後頭骨．大矢印は涙骨を，小矢印は口蓋骨を指す．イヌを例に．背側観．左が吻側．（描画：渡邊芳美）

に分けて，頭蓋のパーツを二者択一で機能論から分離することは，完全に一体化しながら二つの機能を両立させている頭蓋を理解する上ではむしろ妨げになる．ともあれ一応の発生学的基盤から，古典的に頭蓋諸骨の配分は，たとえば切歯骨，上顎骨，鼻骨，前頭骨が顔面頭蓋，側頭骨，後頭骨，頭頂骨，翼状骨が神経頭蓋というように区別されてきた．顔面頭蓋は，神経堤細胞の典型的な分化先である．

3.2 鰓と顎の"関係"史

頭蓋の吻側部は，当初の意義は外部情報の収集ではなく，鰓を懸垂し，消化器の入口を腹側に抱え込むというのがその機能の大半である．唐突に登場した鰓だが，ここでは呼吸のために水中に血管の薄い壁をさらす必要のあった脊椎動物が，頭蓋の腹側領域に酸素導入システムのすべてを配置したと認めていただければ十分である．

鰓はそれ自体は薄い血管壁を外界に向けて並べなくてはならないので，物理的に脆弱につくらざるを得ない．そのまま水中にさらし出しても多少の機能は果たしただろうが，脊椎動物はこのシステム全体を保護し，より酸素導入能力

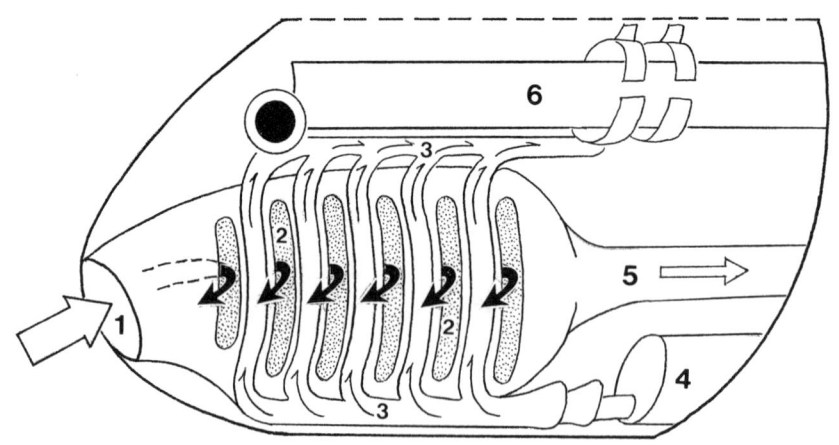

図 3-2　鰓．口 (1) の後方両側に開いた穴や溝 (2) を通して水流（太い黒矢印）を通過させ，水から酸素を得る装置である．豊富な毛細血管を主要部とし，それを鰓弓という丈夫な構造で支えていることが多い．3: 大動脈，4: 心臓，5: 消化管，6: 脊髄．（描画: 渡邊芳美）

を向上させるために，鰓弓と呼ばれる鰓の支持体を用意している．鰓弓は組織学的には軟骨でできていることが多い．

　鰓が十分な機能を果たすには，鰓ごと一定の水流の中に置かなければならない．だから鰓弓を口の後方の両側に並べることが無駄のない設計として浮かび上がる（図 3-2）．口の後方を側面に向けて開裂させそこに鰓弓を設置しておけば，口から入った水は，必然的に残らず鰓が待ち受ける間隙を抜けていく．推進性の高い魚であれば口を開けることでつねに鰓弓と鰓は酸素に富んだ水流に曝される．自分の位置をあまり変えようとしない行動生態をとる魚でも，口の後方側面の鰓と鰓弓に向けて口の中から水流を多分に受動的に押し流すことは周辺筋肉の運動だけでも実現することができ，呼吸器としては万全の位置づけになる．

　少し呼吸装置の脇道へ逸れてしまった．鰓弓には顔面頭蓋腹側後方の位置どりができている．しかも消化管頭端を両外側から取り囲む形で機能している．そのため鰓弓としての機能的意義をはるかに超えて，次なる機能性を備えて頭蓋との関連を強める．この辺で，最終的に鰓をもたない動物のことも含めて，言葉を一般化しておきたい．鰓弓を咽頭弓という言葉に置き換えて語ることにしよう．

　かつて語られた，脊椎動物の顎の誕生の物語は以下のようなものだ．

「顎のない脊椎動物には，解剖学的・発生学的に均質な咽頭弓がずらりと並んでいた．咽頭弓は，顎のない口の両サイドに配列され，呼吸装置としての鰓を支持している．ゆえに位置的にも形状的にも，頭蓋との関連を強めることで，その後の顎に進化していくのに都合のよい構造となっていた．そして，その最先頭部に位置する第一咽頭弓が背側と腹側に分かれ，上下の顎に進化した．顎を構成する中身を見れば，たとえばメッケル軟骨，口蓋方形軟骨が第一咽頭弓から，ライヘルト軟骨，舌顎軟骨が第二咽頭弓から生み出され，これらが上顎・下顎を構成していった……こうして，無顎脊椎動物の最先頭部二列分の鰓弓が，顎に変化したのである」

以上の古典的な物語 (図 3-3) は，咽頭弓と顎を結びつける示唆に富むアイデアではあったが，現実にはいくつもの誤謬を含むことが，その後分かってくる．

まずもしも咽頭弓列が先頭寄りから順番に顎要素に化けたと想起したところで，先頭寄りの咽頭弓列が，無顎脊椎動物で鰓構造をつくっていたことが証明されるわけではない．結論からいえば，逆に第一咽頭弓 (顎骨弓) と第二咽頭弓 (舌骨弓) は，無顎の脊椎動物において鰓を成しているのではないと見なすべきである．顎は確かに先頭寄りの咽頭弓の要素を使ってつくられるであろうが，おそらくそれは事前に鰓としての歴史は歩んでいない．

顔面頭蓋の形成とともに，その腹側に部分的には鰓構造を採り込んだ顎が成立してくるとされたが，それがどこかの時代の何らかの系統で真に鰓であった事実はないだろう．顔面頭蓋に対して，早期に癒合・固着してくるのが咽頭弓の背側領域ではあろうが，その相同相手を無顎類の鰓に求めるのは難しい．

また，少し後ろの咽頭弓要素からは，顎関節が発達し，腹側領域は下顎の構成に至る．咽頭弓は，後方のものも含めれば，高等脊椎動物の舌骨や喉頭に発生学的関連をもつと考えてよいだろうが，前端部の咽頭弓を仲介役にして，顎を鰓と結びつけることは，事実に即していないのである．

顔面頭蓋は顎を有した段階で，鰓の懸垂に加えて，摂餌と咀嚼を高い運動性をもって受けもつ新たな領域として歴史を歩み始める．他方，後方の神経頭蓋は，一貫して脳の収納と外界からの保護に使われている．

後に別途節を立てるが，神経頭蓋は脳の収容と同時に，感覚器を分布させる場所として機能している．場合によっては，視覚器のように脳の一部を頭蓋の外に持ち出して，その機能を担っている．消化機構と直接の関係をもたない聴

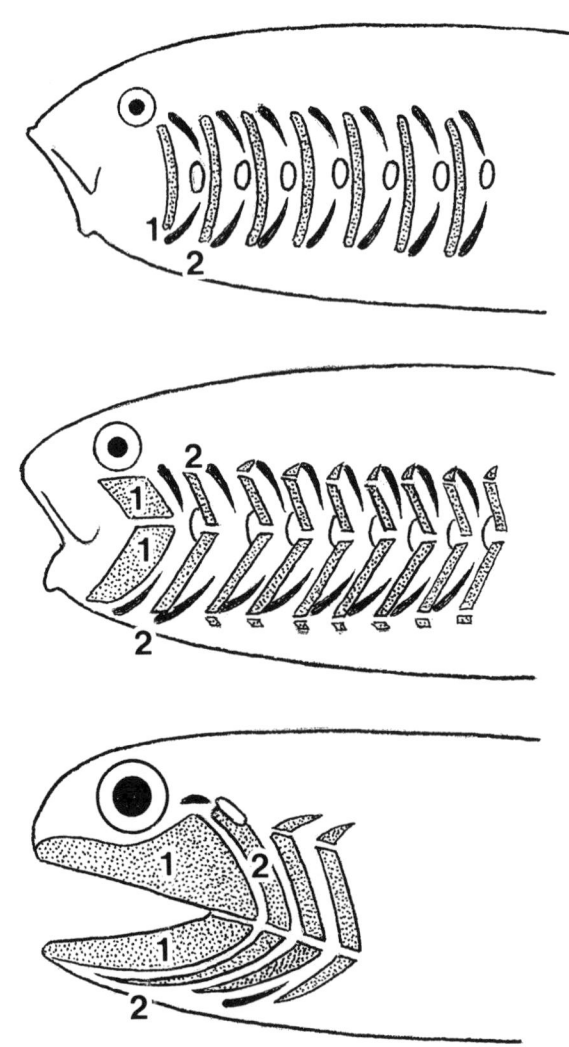

図 3-3 脊椎動物の顎の誕生を語る古典的イメージ．上段の無顎状態から，下段の有顎状態へ進化していく図．最先頭部の鰓（咽頭弓）が変形・大型化して，上下の顎に変貌するという物語．第一咽頭弓（1）がおもに上下の顎を構成し，第二咽頭弓（2）もそれに適度に参加すると考えられた．かつては往々にして，このように顎を鰓弓から派生・変形した構造だと考える風潮があった．（描画：渡邊芳美）

覚に関しては，神経頭蓋を主体とした空間に感覚装置を装備し続けている．他方，嗅覚，味覚など消化器官・摂餌行動と強く関連した感覚器については，顔面頭蓋の空間領域に感覚装置を進出させている．

　もう一つ，神経頭蓋は，顔面部の運動の起点として重要な役割を果たしている．顔面に運動を与えるあるいはその運動を抑制するのは，骨格筋であっても結合組織であっても，起点の多くを神経頭蓋に求めている．他方で，脊椎列からの筋肉運動を顔面頭蓋の位置や顔面頭蓋にかかる力として反映させるのは，神経頭蓋が筋肉の付着面として機能するからである．つまり神経頭蓋はそれ自体で機能的に完結した領域ではなく，むしろ前方の顔面頭蓋と後方の脊椎列の連結部として，運動機能を中継するという傾向を強くもっている．

3.3 第一咽頭弓と第二咽頭弓

　咽頭弓の進化は，咽頭弓の列の数を減らしていく方向に派生したと考えることができる．そのことが強調されて受けとられたことと，もう一つ，古典的手法で脳神経の記載を続ければ，咽頭弓列の相同性を議論しやすいという理由により，しばしば観念論の場であり続けた．その代表例が第一列目の咽頭弓の産物とされる顎骨弓，そしてその後方の二列目で同様に固有の名称を与えられてきた舌骨弓である．

　グッドリッチが統括したといえるこの先端二列の咽頭弓は鰓をつくる要素とされ，第一咽頭弓（顎骨弓）が顎の吻端を構成する実体に派生し，第二咽頭弓（舌骨弓）がその少し後方で上下の顎関連領域に進化するとされてきた．だが，明確な問題は，最初の二列，すなわち顎骨弓と舌骨弓が特殊化していない状態を観察することは，けっしてできない，ということである．

　完成に至らない頭蓋や顎構造を備え，非特殊化状態の顎骨弓と舌骨弓をもって生きる脊椎動物は，一切存在しない．顎やすぐ後方の領域が，でき損ないの鰓の列の形をとるケースは，まったく観察されないのである．ヤツメウナギなどの円口類に，鰓と相同と見なすことのできる顎骨弓や舌骨弓が生じるわけでもなく，サメ類の舌骨弓が未分化な鰓構造に見えるといわれたが，論拠の薄い記載にとどまるものだ．

　顎が鰓との関連で語られるなら，むしろなぜ体腔の前端部が頭側へ向けて伸

びてしまわないのか，頸部として同定される領域になぜ体腔が進出しないのかと，疑問に思う人がいてもよいだろう．心臓が発生し，鰓ができ動脈弓が折り返すからだというのは現象を記したのみで答えにはなっていない．胚が発生していく経過で，外側の中胚葉上皮の伸展する領域にしか，体腔もそして心臓もつくられない．そしてこの表現型において，中胚葉上皮が頭寄りで消失してしまうからこそ，頭部にも頸部にも，体腔が広がる余地はなく，おそらくは代替するかのような要因で，咽頭筋に埋めつくされる．脊椎動物が頭寄りに体腔をもち得ない理由は，積極的に体腔上皮をつくらない所作が頸部に生じているからである．

そうした事実が視認できるにもかかわらず，分節構造として，前方の脊椎列が頭蓋に特殊化したという思い込みが，頭蓋の脊椎特殊化説である．だが単なる思い込みに終始していないのは，たとえば脳神経に対する精緻な記載が，後方の脊椎神経との対応を思わせ，頭蓋骨も，脊椎骨との絶妙な対応をもち得るという主張が確かな空気をもって論じられたからである．

そもそも第一，第二咽頭弓が鰓であるというある種の観念論は，脳神経の分布をもとに美しくナンバリングができる位置に第一，第二咽頭弓が存在するからこそ定着してしまった．たとえば脳神経の同定が手法的にも古くから使える検証手法であったからこそ，つねに無批判に近く，第一，第二咽頭弓が鰓を生むとされてきたのである．先にふれたように，「鰓であったはずの第一咽頭弓と第二咽頭弓」が顎に変化し，耳の中身に化け，顔面のどこかに混入し，というストーリーはこうしてできあがっていったのだろう．その根幹部分は明確に誤りである．

一応 *Hox* 遺伝子群の記述を用いて，論議を詰めておこう．咽頭弓の間を埋めながら同部位に骨格をつくっていくのは，神経堤細胞である．神経堤細胞が形成する間葉に，決まった *Hox* 遺伝子群の発現の組み合わせが生じることで，前後方向の位置決めが確定する．

先頭から語ると，第一咽頭弓には *Hox* 遺伝子はけっして発現しないとされている．顎口類であれ無顎類であれ，第一咽頭弓は *Hox* 遺伝子を発現せずに，有顎脊椎動物なら文字通り顎に，無顎ならば顎とは似ても似つかない口の先端部の別の構造に特化する．初期の顎関節（方形骨と関節骨）を経て，哺乳類方向の系統でツチ骨・キヌタ骨に至り，派生的な音響受容伝達装置として機能すると

いうのも，第一咽頭弓から成立する構造である．

　他方で，第二咽頭弓以降には *Hox2* 遺伝子が発現することが分かっている．第二咽頭弓はたとえば背側で舌顎軟骨となり，初期の顎関節と神経頭蓋とを結びつける．耳小柱（アブミ骨）として，長く聴覚装置に化けるのもこの領域である．第三咽頭弓以降には，*Hox3* 遺伝子が発現，顎があろうとなかろうと一般的な鰓の列をつくり，水棲である以上は鰓をつくりだす．それがいずれは胸腺や陸上脊椎動物の副甲状腺，舌骨周辺に化けていくことになる．

3.4　脊椎動物の美しい姿を求めて

　頭のない脊椎動物を，かつて比較解剖学は夢に抱いた．観念論は，あらゆる特殊化ができる限り起きていないからだにむさぼりついた．証拠はまず脳神経の追跡だった．それ以外の"証拠"は，非特殊化脊椎動物が存在すべきだという思い込みの前に，ただ追随・敗北していればそれでよかったのかもしれない．その強烈な感性は，もはや，「原型は美しくあるべきだ」あるいは「非特殊とは美しいということだ」という，美への憧れに帰着していく．

　美への憧れや思いは，まず，顎の起原に解答を与える未分化の第一，第二咽頭弓というけっして観察されない化け物を想起させた．円口類の幼生や一部のサメの観察事例を曲解し，ナメクジウオを円口類幼生の派生系統だと論じるまでして，鰓に化けることを義務づけられた第一，第二咽頭弓の"存在"を認め，それらが顎へ変形したという"歴史"を承認していった．実をいうと，その強い観念論的大前提は，顎構造の未分化・特殊化関係にとどまる議論ではない．この観念論は，体幹や脊椎列に見られる分節性をそのまま消化管の先端まで援用しようという動機を生む．それは当然頭蓋全体が，脊椎の特殊化したものだという"確信"を生起していくのである．

　本書は体腔を語り，その後で脊椎列そして頭蓋という順で話を進めた．系統性の反映として頭蓋を重視するからとか，単に機能の多様さをもって頭蓋をレスペクトするからという理由で，頭蓋を書の冒頭に置くことは，本書の筋書きにはない．闇雲に動物を口先から記述するような真似に，私が迎合することなどない．だが，観念論が客観性を度外視してまで拠り所とした頭蓋の特殊化あるいは分節性という論調が，動物の形態を論ずる上で，よくある論理構築の経

過を見せているからこそ，私は脊椎動物の形を論じるのに，本書の順序が意味あるものだと感じている．

　観念論を批判して，ゲーテとグッドリッチを葬り去るのはいともたやすい．だが，それは単におびただしい情報量をもってして表現型探索の筋道を弱体化させていった挙句，表現型のバックグラウンドを複雑すぎる要素の集合体に書き換えるだけにとどまっていく．グッドリッチとゲーテの観念論は，通しで見れば，派生型を軽んじ，祖先型を極端に重んじていく思考である．私が"そこそこの表現型"と呼んだ形の見方には，いつも「表現型の混沌とした独占体を一定の機能性を物差しに整理して見よ」という訴えを含んでいるのである．私は解剖学的に形を見る者は科学者でなければならないということを永遠の真理であると主張するとともに，解剖学的に形を見る者は，同時に観念論との頻繁なやりとりを楽しまない限り，ただ情報のカオスに陥るのみだということも語り続けたい．

　観念論をネガティブな出発点にして解剖学の論理構築を正当に進めていくことは，つねに非特殊化状態とはどういうものかを考え続けることである．もちろん21世紀に思慮する私たちは，何も見えもしない原始型ばかりに精神的に依存するほど，科学的真理に対して消極的であってはならない．だが，体制の単純な仮想状態を思考の中心に置こうという努力をしない限り，勝負の舞台がピンセットであろうがゲノムであろうが，全体性を扱う解剖学ではあり得なくなり，ただの言葉遊びに陥る．

3.5　後頭部と脊椎

　顎の原始状態を追う主張は，後頭骨や先に実態を記した神経頭蓋について，まずは分節性や脊椎の特殊化という趣旨を持ち込んでいる．時代的には数十年の間に，頭蓋を分節として解釈していこうという動機が働いてきた．そのことのかなりの部分は，頭蓋の後方を俎にのせる仕事になっている．実際に位置的に頸椎に近い領域の方が古典的に誤りに陥りやすかったと推察される．同時に，やはり頭蓋の後方の方が，分節的性格に繋がるプロセスを見せやすいからであろう．

　後頭骨や後頭顆においては，実際に頸椎と類似した発生のプロセスを想定す

ることができる．この領域は，軸椎の歯突起の骨化パターンや，肺魚類の後頭骨に成立する肋骨なども分節性を支持しているように思われる．後頭骨は比較的背景が分かりやすいせいか，様々に分節論の例として使われ，分子発生学でもこの流れは継続されてきた．

当然それを否定する立場は頭蓋を脊椎とは無関係と考えるので，ときに後頭骨を無視するか，逆にいっそのこと後頭骨を最先頭部の椎骨としてとらえることになる．しかし，これも述べてきたように分節性を否定したところで，グッドリッチ流の形態学的センスや"そこそこの表現型"を認識できる能力と発想を備えておかない限り，観察者の側が生き物の全体性を理解する道を失ってしまうことを忘れてはならない．

少しだけ，気づいたことを付記しておこう．脊椎動物の体節性は単純にゲノムによって一対一に決定される紋切り型の表現型ではなく，細胞どうしの多彩な相互作用が結果を導いていくに至る，経過性のあるプロセスだと判断できる．他にもこうした発生プロセスを経る形は多々ある．これらのケースでは，今後も体節同様，混乱を生じたあげく，観察者の表現型認識のセンスを減じてしまう可能性が高い．

細胞の起原を還元論的に記述しても，その記述によって形態学が完成するものではないと明確にいえる．分化の時間軸に対応する特異的なプロセスをもってつくられる表現型は，還元主義者にとっては心地よくはなかろうが，たとえば細胞群の系譜によって一対一に一般化して定義づけられる形ではない．頭蓋の分節は，そうした"そこそこの表現型"を見るセンスが，細胞の系譜を見ることでは完全には達成されないことをよく示してくれている．

本章では遠回り気味であったかもしれないが，形を見るセンスの重要性について口すっぱく語った．そしてそのための題材として体腔や脊椎や頭蓋に登場してもらった．ご覧の通り発生を還元論的に記すことはほとんどないページであり，ましてや古典発生学を講じたものでもない．大切なのは，動物の全体性を見るセンスである．

3.6 自由に支えられたセンス

解剖学の初学者は，大学で解剖学なるあるいは形態学なる講義を受け始めて

いるかもしれない．残念ながらそれらの場は，ほとんど医療免許状の取得を最大に目的化したような箇条書きの羅列として披露されているはずである．その点において，看護師も理学療法士も動物学科も医学部も獣医学科も大同小異だ．本書のように，体制の概念論から解剖学を学ぶ機会は，今日の高等教育・職業教育カリキュラムにはまず存在しない．

　本書が当初から"そこそこの表現型"という概念で，からだを要素還元せずに話を進めてきたのも，こうした本書の自由度ゆえである．通常は試験に出る臓器や器官や骨の突起や筋腹や神経の枝を暗記させて，解剖学の"教育"は終わる．そしてなぜか別途ゲノムの話を聞きかじらねばならない．形態学も分子生物学も，カリキュラム推進のために特化した講師陣によってこれらの話が披露される．そのいくつかに解剖学とか細胞生物学という講義名・講座名がつけられているだろうから，教育を受ける受講生・学生が最大の被害者である．

　幸いにして読者とともにそうした世の中の瑣末な都合に左右されることなく，動物の形の議論を少しでも楽しめることを，私も最高に幸せに思うところだ．たとえば，"そこそこの表現型"を大切にすれば，発生学的なメカニズムの議論とまったく別に，形がもつ現実の機能が語られる．そのことを通じて，動物の形を最初に五感で感じ取らねばならない解剖学にとって必要不可欠なセンスを，身につけることができよう．

　本書は紙の上でのみ形を学ぶ頭でっかちな学徒を良しとはしない．五感で形態を感じ取ることのできる自由に支えられたセンスを，まずは無為に消し去りたくないのである．その大前提として，本書の読者は大量の解剖学的論理を，この後，さまざまな文献，さまざまな先人から学びとってもらいたい．血反吐を吐きながらでも，論理を身につけてもらいたい．だが同時に本書は，死体を前に五感を用いられない者に，解剖学を推進する力はないと断言する．豊かなセンスを養うのに邪魔な価値観はときに棚上げにしてこそ，解剖学への初歩の道は開けてくる．

4 体腔にまとわりつく修飾

4.1 体腔の考え方4　個体発生からの理解

　さて，本書の読者の過半は哺乳類・鳥類あるいは家畜・家禽を専門分野として学びつつあることが予想される．理学や農学の範疇でこうした動物を学ぶ読者にとって，教えと学びの数十％の労力が腹腔臓器に割かれるということは珍しくないだろう．腹腔臓器は，そのくらいに，身体構造を学ぶ上では重視される．その本質的な理由は，腹腔臓器が個体のユニットの中で形としてもまた機能としても面白く，知っておくことが意義深いと了解されるからであろう．

　現実に腹腔臓器の面白みというのは，ときに進化学を離れても，場合によっては生物学的な問題意識を逸脱していても，十分に継続するものだ．というのも，腹腔臓器は体幹自体と異なって，運動器のような目に見える激しい機能性を誇示することもなく，また分かりやすい適応形質を肉眼レベルで見せてくれるとは限らないが，だからこそむしろ，生物学的意味を超えて，機械工学や工業化学の人々の目にもその空間配置と機能性が示唆に富んで映るのである．

　哺乳類や鳥類のような多分に高度化した形態を基にしながら体腔を語るなら，循環器，消化器，泌尿生殖器，呼吸器といった装置を，進化学的な制約を克服しながらいかに配置するかという論点に尽きてくる．

　第2章を思い出しながら読んで頂きたいが，ここでは個体発生の知見を説明に用いよう．解剖学は，ときに困惑したり息詰まったりしたときに，胚子に頼る．胚子は，成体を進化学的に比較していても見えてこない事実を，かなり明瞭に見せてくれることがある．体腔に関して，初学者にとっての胚子の利用の仕方を学ぶためにも，発生の世界をこれからはときどき見ることにしたい．

　そもそもの体腔は，胚子期に体の腹側に現れる空間である．それは成長した脊椎動物で見られるような胸壁や腹壁で閉じられた腔所と考える必要もなく，胚の内外を問わずに概念としてのスペースを指して体腔と呼んでいるというこ

とはすでに述べてある．当然，哺乳類で，心臓や肺が胸腔という腹腔とは隔てられた空間に存在するなどといういわば完成形は，進化学的には十分に派生した体腔の最後の姿である．先述の多くの理学や農学の教育を受ける者にとっての"腹腔"は，進化史の最新の姿を教育目標に特化させて語られているにすぎない．

　心臓は，第2章でふれたように，そもそもは横中隔という隔壁で仕切られたポケットに配置されてきた．現実に横中隔要素が明確に成立しない原始状態があり得るかどうかは別として，脊椎動物の体腔の頭方腹側に，体腔の一部としてポケットが形成される．

　横中隔は，魚類の心臓の後方，つまり，心房と静脈洞と呼ばれる腔所付近に，体腔を前後に隔てるように形成されてくる．横中隔より頭側の腔所を心臓腔と呼ぶ．第2章でふれたように，心臓腔は心臓を収容するために形成される，最初期に生じた体腔分割の産物であるといえる．ちなみに横中隔による心臓腔の分割が，胚子期にまったく魚類と同様に観察されるわけではない．心臓は，系統発生であれ個体発生であれ，胚子の頭寄り，鰓のすぐ後方に位置するという絶対的な位置を揺るがされることはないが，体腔の区分に関しては，同等の状況が胚子と成体で都合よく同列に観察されるわけではない．

　普通に考える脊椎動物では，横中隔より後方がいわゆる腹腔である．この腹腔が，実際には，貫通する消化器を収納するスペースとなる体腔の主要部分である．体腔は本来，必要最小限の臓器，器官系，ユニットを封じ込めておくためのコンパクトなスペースとして構築された．その位置は発生の段階で，からだの腹側の卵黄に面して開けた空間である．考え方としては閉鎖した部屋というよりは，孵化する前までは卵黄にカバーされたそれ自体は閉じていない"広間"として発生してくる．腹壁をつくって卵黄との接続を終えていくのは，外界に生み出された後の出来事であると考えて差し支えない．この後，上陸という進化の大イベントを通じて，体腔の背側に，運動器つまりは筋肉を集約させ，体腔をより高度化する諸臓器の収納のために拡大し，腹側の体壁はただの薄皮の腹筋群に化ける．そのプロセスについては既に述べた．

4.2 体腔の考え方5　心臓のデザイン

　心臓は体腔のうち横中隔より前のポケットに位置しているように見える．実際には心臓は体腔上皮細胞より分化を開始する．つまり心臓は元々原始状態の体腔と位置的に密接であって，筋肉でできているといっても，骨格筋や平滑筋とはその発生可能な領域を明確に異にしている．

　心臓の最も原始的な姿は頭索類のホヤ類のものである．第2章で簡単にふれたように，血管系をもたないホヤは，体腔の中に体腔上皮からなる吹き流しのような構造をぶら下げている．この体腔上皮の塊は収縮蛋白質を備え，システムとして自律的に指動する．全体の収縮の向きは一定でないため，吹き流しによって体腔内の体液は，一定の方向に循環するというよりは，不特定に攪拌されるといった方がよい．

　もう少し進んだ心臓の原型は，頭索類ナメクジウオのものである．ナメクジウオの心臓は一つの装置として分化集約されているとは思われない．散在性の心筋組織を，鰓の腹側後方に配置したものだ．血流路の壁にばらばらに分布する心筋は，ラングハンスの小心臓と呼ばれてきた．たとえ機能的システムとしての集約が不十分でも，当然一貫しているのは，体腔内に上皮から発生するというその配置である．

　やがて心臓は魚類において分化集約，すなわち特殊化を終える．横中隔前部に切り取られた形の心臓は，正中面に対称な形状で，あたかも完成したかに見える．しかし現実には，横中隔や，その後方で偶然つくられてくる肝臓によって領域の拡大を阻止されている．

　肝臓は横中隔後方に広がる多分に不定形な臓器だ．肝臓が大きくなって重力の影響を強く受けるようになると，腹腔内でいかに肝臓を保持，保定するかがシステムの問題として浮かびあがる．横中隔要素や反転する腹膜や腹腔内の大きな血管に，肝臓を位置決めする役割が与えられる．だが，発生段階で急激に形をつくる肝臓こそが，互いにあまり関係のない肝臓保定装置群の間に割り込んでくるという見方が正確なものかもしれない．

　横中隔は確かに古い構造ではあるが，心臓のアイデンティティはホヤに見る体腔上皮であるから，実際には腹腔内の広い範囲に心臓は出現し得る．事実，肝門脈には円口類の一群では明らかな心筋細胞の集塊がつくられ，肝門脈心臓

と呼ばれる．あまり知られてはいないが，マウス，ラット，ウシ，ウマ，ブタはじめ多くの哺乳類で肝門脈に心筋細胞が散在的に分布する．

　実は肝門脈は，発生初期に形づくられる卵黄静脈という静脈のなれの果てである．卵黄静脈は，最初にできる心臓の後方に形づくられる"最古の血管"の一つで，まだ閉鎖していない体腔に横たわっている．閉じていないながらも，体腔領域で上皮に覆われているという点でまさしく心臓と呼ばれる条件を備えている．その近傍にある総主静脈（キュヴィエ管）も体腔内で左右一対に立ち上がる円柱状構造で上皮に覆われている．キュヴィエ管は発生学的には心臓に近似した要件を備え，進化史の最後には前大静脈に至る．そして実際に哺乳類，鳥類，爬虫類で，前大静脈は中膜を部厚い心筋組織で構成されていることが多い．

4.3　脊椎動物の基本体制

　初学者にとって，少々煩雑な理論が頻出したかもしれない．図4-1を見ながら，再度咀嚼して頂けたら幸いである．図4-1は咽頭胚と称されてきた脊椎動物の初期の胚子である．脊椎動物の基本体制，basic body plan，Bauplanなどと呼ばれる概念を絵に描くと，これに類似したものとなり，より観念的であるが，模式的な分かりやすさをもった非常に重要な概念図となる（図4-2）．

　咽頭胚は，脊椎動物がからだの各所において"そこそこの表現型"を具備してきた段階といってよい．ここでいう"そこそこの表現型"の具備とはどういうことと問われれば，からだの機能的システムの多くが原初的な形を見せたという意味である．

　第2章で簡単にふれたが，胚子期を含め，また脊索動物つまりはナメクジウオまで含めて，体全体に究極的に共通する形を少し大雑把に書き出してみると，脊索，神経管，腸管，体腔，筋節，咽頭などと表現できよう．そしてこれに若干の派生を加えたのが脊椎動物であるといえる．その派生とは，頭部，椎骨，骨格，特殊化した心臓，特殊化した末梢神経系，鰭などという言葉で指し示される構造である．こうした初期の脊索動物・脊椎動物に共通する多くの形を具備した状態が咽頭胚なのだ．

　つまり，咽頭胚は，心臓，体腔，血管，鰓，消化管，肝臓，腎臓，脳，神経といった各器官が視認できる水準で勢揃いした段階といってよい．脊椎動物の

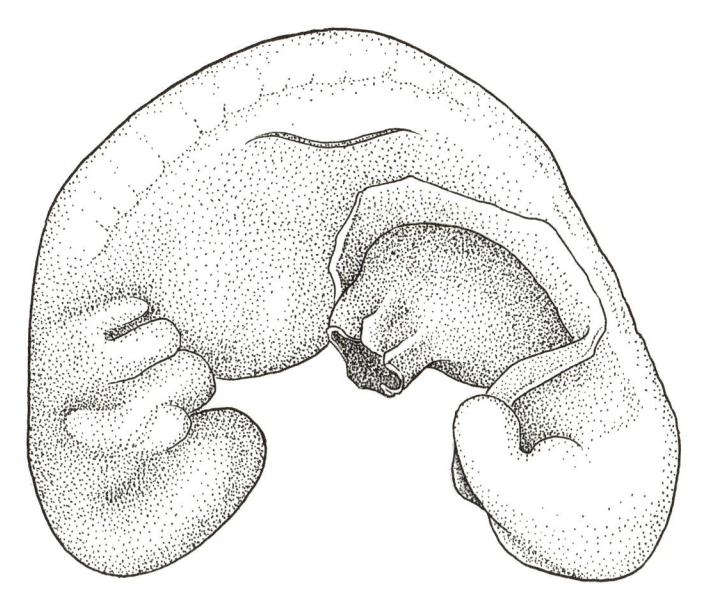

図4-1 脊椎動物の基本体制たる初期咽頭胚を見る．"そこそこの表現型"が目に見えてきた基本的状態である．左が頭側．（描画：渡邊芳美）

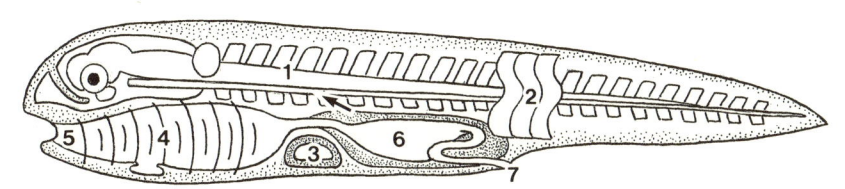

図4-2 脊椎動物の基本体制，basic body plan，Bauplan．現実に胚子として現れる図4-1の咽頭胚と比べて，これは空想の産物ではある．しかし，歴史性を扱う解剖学において，こうした概念図を観念論だといって排除していては，形の理解は深まらない．1：神経管，2：体節（筋節），3：心臓，4：鰓弓，5：口，6：消化管，7：肛門．矢印は脊索を指す．左が頭側．（描画：渡邊芳美）

体制の理解にはこの咽頭胚の概念を頭に入れて頂ければ大いに助かる．初期の胚子も原始的な脊椎動物も，一度立体的に頭に入れてしまえば，論理の運用でその進化史か発生史の時空を飛びまわることができる相手である．それができるようになってくれば，解剖学を進めていく初期の準備は整ったといえるだろう．

　咽頭胚・脊椎動物の基本体制は，本書で動物解剖学を学ぶ読者にとって，何かを思慮するときに必ず立ち返るからだの考え方を描画したものと考えてほしい．脊椎動物のいかなる形の進化も派生も，この形を基礎にしたものだと思えば，かなり正確な理解に行き着く．紙の上での記載と理論であると同時に，形はつねに立体構築されたイメージやフィギュアとして頭に入れてほしいので，引き続き脊椎動物の基本体制と慣れ親しんでいただきたい．

　お気づきかと思うが，胚子によって脊椎動物の進化史と発生史を往来するというと，高等学校で教わるヘッケルやフォン・ベアの発生反復説を思い浮かべるかもしれない．ヘッケルの書いたことが正しいか正しくないかなどと問えば，完全に誤っている．だが，つねに大切なのは，二律背反でヘッケルを排除し，他者の代替理論を探すことではない．重要なのは，胚子が，少なくとも咽頭胚と呼ばれるような形の胚子が，脊椎動物の形を全体性をもって歴史学的に理解しようとするときに，明らかに便利な実在する段階であるということである．

　当然のように，基本体制は脊椎動物の形の歴史を語る上でもきわめて有効な概念であり存在である．実証的にヘッケルを棄て去る以前に，学ぶ者は彼の想起した観念論とともに，彼の残した意義深い思考経過を運用できるようになることが必須である．

4.4　循環系の考え方

　脊椎動物は先にふれたように体腔内で体腔上皮から分化する心臓を最初期より備えている．鰓の後方，横中隔で仕切られた体腔内で臓器として分化した心臓は，体腔壁と直接関係した構造として存在し続ける．他方，血管はホヤの段階でそれが認められないことからも分かるように，完全に後になって派生する流路である．しかも単に血管系と一くくりにして語られている血流路は，進化学的歴史性に関しては，複数の段階に分けて考えるべきものの集合である．

最初の誤解がいつどこで生じたかは興味深いが，かつて心臓は血管の特殊化した構造であると記されることがあった．ヘルトヴィヒほか初期の組織学者が，心臓と血管の壁構造の類似に執着した観念論が原因であろうが，歴史科学的視点を欠く構造の純粋な観察は，組織学的所見が得られ始めた初期の情勢としては起こり得ることと思われる．また比較形態学への関心を欠く臨床医学・獣医学の領域は，循環路としての心臓と血管を行きすぎた機能論から強引に一つの項目に収めようとする．病態機能論のみに陥った臨床現場が，心臓と血管を別物としてとらえる能力を失っていることも容易に推察できる．

　鰓の後方に構える心臓は，ときに鰓性心臓と呼ばれる．心筋細胞の分布だけを指標にするなら，心筋は少なくともキュヴィエ管や卵黄静脈の中膜において頻繁に観察される．実際に，こうした血管の多くの領域は心臓と同等の中膜構造をもつ．発生時における心臓との明瞭な相違は，心内膜とは明らかに異なる血管内皮の存在である．ただし，初期の内皮の分化を血管のアイデンティティだと考えたところで，体腔内に血流路が生じ，心筋細胞が分布を広げる以上，キュヴィエ管と卵黄静脈は，心臓の一部としての要件を満たしている（図4-3）．鰓動脈，背側大動脈，そして同様に背側に位置する静脈群は，どれも心臓とは初期から異なる血管そのものであるといってよい．大雑把にいえば，背側の間葉系の奥深くで，内皮による円筒の形成をみる血流路は，歴史的に新しく，心臓との異同を問うには及ばないだろう．

　まとめると，血管と画一的に名づけられた血流路は，心臓と相同である可能

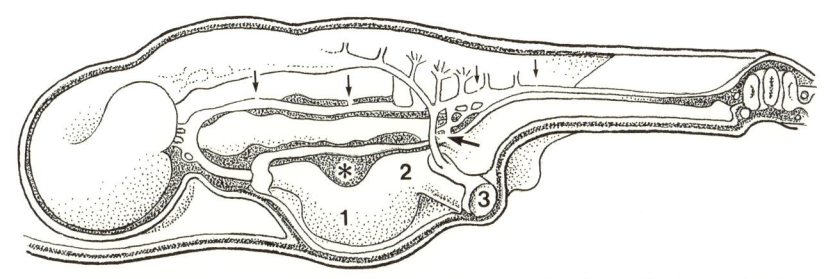

図4-3　静脈血の還流路という意味で静脈と呼ばれてきた腹側の大血管は，体腔（アステリスク）の中で上皮に包まれて発生してくる．その様子は心臓と相違がない．つまり咽頭胚で見て分かることとして，背側にある大型の動脈や，間葉系内に埋もれて発生してくる典型的な血流路は血管としてよいだろうが，腹側の大きな静脈は心臓に限りなく近い発生学的位置づけにある．1：心室，2：心房，3：卵黄静脈（後の肝門脈），大矢印はキュヴィエ管（総主静脈，後の前大静脈），中矢印は背側大動脈，小矢印は後主静脈を指す．左が頭側．（描画：渡邊芳美）

性をもつ体腔上皮を用いて形成されるキュヴィエ管や卵黄静脈もあれば，それより進化学的にはるかに新しい背側間葉系内の流路も含まれていることになる．脊椎動物の基本体制の中に，一続きの血流路として閉鎖循環システムが構築されるのであるが，その構成要素には，心臓と，体腔上皮性の血管と，背側間葉系の血管の三者が含まれているといえる．

　上記の基本体制に対する非常に新しいかつ大規模な修飾は，よく指摘されてきたように上陸に向けた適応である．水離れの困難を克服すべく，鰓とそれに付帯する循環系を消失させ，新たに肺循環を構築する．肺そのものの起原は別に語るが，消化管から派生する空気のルートを介して体腔内に腔所をつくり，その周辺に毛細血管網を張りめぐらせるというのが，空気から酸素を摂り入れるこのシステムの概略である．だが血流路の改変は困難な点が多く，体循環と区分したガス交換のためだけの肺循環を一つの鰓性心臓で達成しなくてはならなくなる．脊椎動物の左右対称性が大きく崩されるイベントが，この肺循環の確立である．左右対称性の崩壊は，呼吸装置の項でまた論じることにしたい．

5 からだに付帯する移動手段

5.1 四肢の考え方1　対鰭の意義

　しばらくの間，話題を運動器，とりわけ四肢について，読者が解剖する時に備えるべき論理を探りたいと思う．陸棲脊椎動物のみを対象にしていては十分な理解に到達しないので，ここは魚類の対鰭から機能性と歴史性を論議していきたい．

　対鰭は，水棲脊椎動物にとって必然の運動装置であったと考えられる．本書前半で体幹と軸下筋を語ったとき，軸下筋の退化に対応するかのように，対鰭が生み出された可能性があると書いた．脊椎動物が理想的に単純で，一定程度に節約された構造をもっているなら，十分に発達した軸下筋をもち，鰭の比較的小さい，ミミズのような横断面形を示す魚類が多様化していても不思議ではない．だが現実には，対鰭，すなわち，胸鰭と腹鰭からなる左右対称に広がる鰭を，脊椎動物はその進化段階の初期に生み出している．

　知られているように，左右対称の対鰭は，陸棲の四肢構造にもそのまま引き継がれる構造である．この左右対称性は，運動の総体として体軸方向への強力な推進を約束しているとともに，個別の時間フェーズにおいて，複雑で多様な一側性の運動を起こさせることを必要としている．これが対鰭に依存しない，すなわち軸上筋・軸下筋のみの収縮や弛緩によって，脊索や脊椎を運動させることで実現しているとしたら，左右の運動は完全に独立したものとはなり得ない．当然，その仕組みが司る運動の多様性は，対鰭の場合よりも単純なものにとどまっていたはずだ．

　これに対し，脊椎動物の対鰭は，左右別々に独立した運動を起こさせることで，運動・移動の多様性を格段に高度化したのである．脊椎や脊索に依存した体軸運動の制約から，からだ全体のロコモーションを独立させることに成功したのが，対鰭の出現の最大の成果である．

別の小さな例であるが，放射相称性を備える棘皮動物のヒトデ類は，水管系という体型に沿った放射相称形のユニットを備え，そこには管足なる細かい歩行装置が発達して，からだを放射相称のいかなる方向へも運動できるように導いている．あえていえば体軸によって決まる前後方向のない動物において，運動の自由度を極限まで許すと，このような単純な設計に落ち着くのかもしれない．放射相称であるならばこれでもすむ話であるが，脊椎動物では対鰭くらいに高度に組織立てられた"そこそこの表現型"を要求されるだろう．対鰭は他の動物群と比べても，運動装置としての形状や筋肉配置の複雑さ，そして，それを制御する脊髄神経の緻密さからいっても，群を抜いて高度なユニットであると考えることができる．

5.2 四肢の考え方2　肉鰭の前適応

装置としての対鰭の意義は前節でふれた．問題はこの高度な装置を，最終的には陸棲の四肢にまで至らせる機能性の解釈である．ここで，少しだけ，解剖学の直接的な話題から離れて，四肢の起原となった魚類の形態を解説しておきたい．

対鰭は，ごく普通の魚類にごく普通に備わっている．実験材料として知られるコイやメダカやフナの胸鰭を解剖してみると分かるが，目に入る構造は，団扇を柔軟にしたような棘と膜からなる遊泳装置だ．その形状にちなんで，こうした多くの普通の魚類を条鰭類と呼ぶ．条鰭をそのまま四肢の根源的・原始的ユニットだとは考えてはならないが，反面，これだけの単純明快な装置で，海洋や河川に様々な生活戦略をもつ魚類が暮らしていることを考えると，対鰭というものの設計の妙を感じ取ることができるはずだ．対鰭が実現したのは，体幹からの推進運動の切り離しである．それを実現することにおいて，水中に暮らすからだであるなら，条鰭ほどに単純な機構を思いのほか小さな筋肉で牽引するだけで用が足りることを，頭に入れておきたい．

現実に四肢に至る鰭は，多くの人々に語られてきたことなのだが，たとえば大雑把には3億7000万年ほど前に生きていたユーステノプテロンという魚類や，白亜紀以来いまもあまり形を変えずに生きているラティメリア（俗にいうシーラカンス）なる魚類の対鰭，つまりは胸鰭（図5-1）と腹鰭から，私たちは

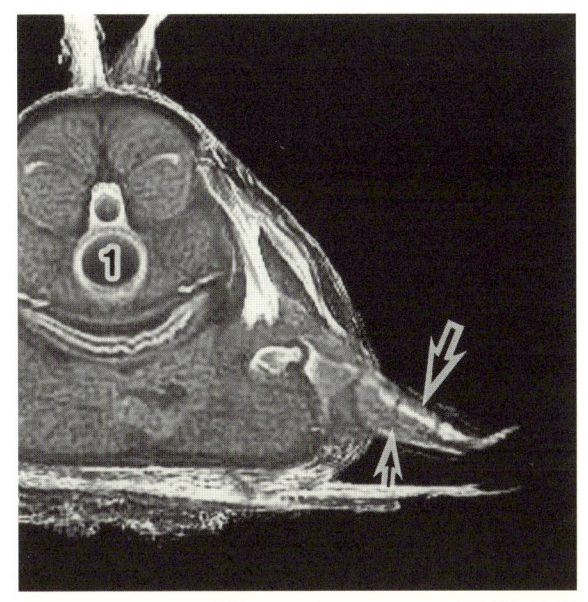

第 5 章　からだに付帯する移動手段　55

図 5-1　ラティメリアの胸鰭．CT スキャンによる三次元復構像を切削した．体軸に対してほぼ垂直に切った面を頭側より見ている．骨格要素（大矢印）と筋肉（小矢印）が観察できる．1 は脊索．アクアマリンふくしまと日本大学生物資源科学部・鯉江洋博士との共同研究による．

ヒントを得てきた．これらの一風変わった魚類は，狭義で肉鰭類と呼ばれることがあり，その名の通り，普通の魚類の条鰭構造と異なって，骨格と筋肉からなる厚みのある鰭を備えてきた．

　私自身はまだ完全には納得していないのだが，これらの肉鰭類は普通の条鰭類に比べて，細かくて複雑な遊泳運動が上手だといわれてきている．現生のラティメリアが，沿岸部の流れの激しい海底付近で，ホバリングのような行動を見せたり，細かい体位変換を繰り返していることが観察されたことから，このグループの肉鰭がこうした複雑な運動を達成するための装置として有益と見られたからだ．しかし，これはあまり無批判に受け止めるべきことだとは思われない．というのも，条鰭類でも，おそらくは同等に複雑な遊泳は可能だろうと考えられるからである．

　複雑な遊泳は，必ずしも肉鰭類に特異的なものでもないだろう．だが，ここで学ぶべきことは，解剖学の動機となる機能性の解明は，必ずといってよいほど生態学的観察と連携させることがより説得力を生むということである．最初

の章で例に用いたオオアリクイの顎運動もその例である．動物の解剖を繰り返していて，何か突拍子もない機能性や歴史性に気づいたとき，解剖学的検討に抜かりがあってはならないが，生態学的・行動観察学的データは，機能の解釈に大いに厚みをもたせることに繋がっている．

　古脊椎動物学であまりにもよく語られてきたのは，ユーステノプテロンの胸鰭の骨格要素である．このグループは明らかに魚類であるが，対鰭の内部構造はもはや四肢まであと一歩に近づいている．ただここでいう"近づいている"というのは，骨格と筋肉の各要素が揃いつつあるということだけしか指していない．この状態で肉鰭が体重支持機能に迫っているわけではないのである．

　進化学をあまり学ぶ機会がないと，前適応という言葉になじみがないかもしれない．極端に特殊化した装置は，進化の前段階として，別の機能を果たしながら確立されていったものだと見なす考え方である．肉鰭類の精巧な対鰭は，しばしば前適応段階として，上にふれたラティメリアのような形態と生態を，四肢の起原であると説明してきた．つまり，祖先群の魚類は対鰭をもっただけかもしれないが，次の段階のラティメリアやユーステノプテロンは，それを使って急な流れのなかで巧みに遊泳している．その複雑な遊泳パターンを生活史に組み込むことに関して，精巧な骨格要素と筋肉を備えることは十分に有利で，適応的であったと考えるのである．そう考えれば，陸上を歩くことのできる四肢は，あと一歩で手が届くところに来る．陸上生活などまったく想定できない普通の魚類の対鰭をとりあげて，これが四肢の大元だと主張しても説得力に乏しいかもしれないが，ユーステノプテロンとラティメリアの想定されるロコモーション戦略を間に挿めば，四肢成立のストーリーが成り立ってくると考えることができるのである．

　対鰭はまさに"そこそこの表現型"と呼べる構造だ．これは便利なことに，前適応のストーリーを形態学的実体として演じる存在だ．対鰭から四肢ができるというこの進化史の物語は，肉鰭の比較解剖学的構造とラティメリアの行動が同時にデータとして提示されることで，一定の説得力を付与されるといえる．

5.3　四肢の考え方3　体重を支える四肢

　さて，本書の読者の多くが，脊椎動物の移動装置として，あるいはときに把

握装置としての四肢を学ぼうとしていることと思う．脇道に逸れると，例外的に家畜生産学などのきわめて実学的性格の強い領域では，動物の四肢部を移動手段の形態としてではなく，産肉性の優劣を示す部位として扱う可能性があるが，それは逆説的にも，典型的な高等脊椎動物の四肢は，体サイズに比して非常に大きいという特質を物語っているのである．それほどに四肢は哺乳類などの高等脊椎動物においては重要な構造である．

歴史性から切り離して考えれば，脊椎動物における四肢は，もっとも大きな力がかかり，もっとも激しい運動を要求されるマクロレベルの構造体であると要約できる．あるいは，ときに読者にとっては，四肢は，まるで建築士が構造計算をするかのような強度を備えた一連の機構であり，機械技師が動力源のスペックを決めるかのような運動性を要求されるユニットとして，受け取られるかもしれない．

水棲群を除けば，四肢の第一の機能は重力に抗して体重を支えることである．多くの陸棲群がそのことに容易に成功しているかのように見える．現生種では体重10トンのアフリカゾウで力学的条件が成立し，過去にさかのぼれば大型竜脚類恐竜は50トンを超える体重を四肢で支え，いまだ運動モデルは不確実ながらも，それらが合理的に運動していたことは間違いないのである．

体重の支持も運動の統御も，もちろん脊椎との共同作業としての帰結なので，四肢にのみ課せられる進化的難題ではない．しかし，四肢の成立は脊椎動物の陸上への進出の必要条件である．

だが陸棲群も，比較的原始的なグループは，実は四肢の機能性に明らかな限定がある．現生の両棲類の四肢は，それ自体が推進装置としてもつ能力は，けっして大きくない．サンショウウオのような有尾両棲類のロコモーションを観察すると一目瞭然だが，歩様をつくっている中心的ユニットはけっして四肢ではない．実のところそれは軸上筋である．

つまり，少なくとも現生の陸棲脊椎動物で見る限り，初期のグループは四肢を主たる動力とするというよりは，体重支持をこなす四肢を体幹ごと左右に大きく振りながら，少しでも前に置こうとしているだけといえるのである．彼らの四肢は体軸と平行な平面内で前へ持ち出すことができないので，基本は軸上筋を動力にして，肢全体，あるいは骨盤や肩の骨を含めて，からだを前方へ進めなくてはならない．その運動は，つねに体幹を地面と水平方向にくねらせて

屈曲と進展を繰り返す運動であるので，効率が悪いことは容易に想像できる．

大きな皮肉でもあるのだが，水中生活の時代に，体幹から独立した推進運動器として対鰭を獲得したにもかかわらず，肉鰭類の前適応を経てひとたび陸上歩行を開始すると，あれほど有能な機能性で説明できたはずの対鰭は，また，体幹運動に大きく依存した，ただの体幹の添え物にすら見えてきてしまうのである．

5.4 四肢の考え方4　独立した推進装置としての四肢

真に適切な言葉遣いかどうかはともかく，脊椎動物の推進運動器官は，二度にわたって，体幹や軸上筋・軸下筋から独立することを試みたように見える．その最初の成功が，対鰭の誕生である．系統性をあえて無視して，肉鰭であろうと条鰭であろうと，ここでは問わない．水中に生きる魚類にとって，対鰭は，推進運動機能を体幹の運動から多分に切り離すことを約束する大成功の結実であったといえる．他方，二度目の挑戦は，まさに陸棲群における体幹からの四肢の独立である．

結論から述べるなら，有尾両棲類のように体幹運動に依存して四肢を左右に揺すりながら前へ送り出す失態を解消するには，四肢を近位部から体幹に対して地面に垂直に伸ばす以外にないといえる．本書の読者の過半が学ぶであろう鳥獣の四肢は，基本的にそれを実現した四肢である．

陸に上がった初期の脊椎動物群は，おそらくは，不安定な四肢の上に完全に体幹をのせる，正確には橋脚に橋桁を懸垂するような器用な機構をもつことは難しかったに違いない．だから，前節で語ったように，四肢のほとんどの課題を静的な体重支持にとどめ，運動性は脊椎列と左右対称の軸上筋群に依存した．

その段階を超えて，真に運動性のある四肢を体幹運動から一定程度に切り離すには，四肢近位部を垂直に立てる必要があったのだ．それは，まさにロコモーション能力に長けた哺乳類と絶滅した中生代の一部の高度爬虫類の特徴でもある．

本書ではほとんどふれるに至らないが，哺乳類の起原に位置づけられる単弓類とされる一群は，四肢全体を垂直に近く立て，四肢の運動を地面から見て垂直な平面内に収めてしまうことがかなりの程度までできたといわれている．こ

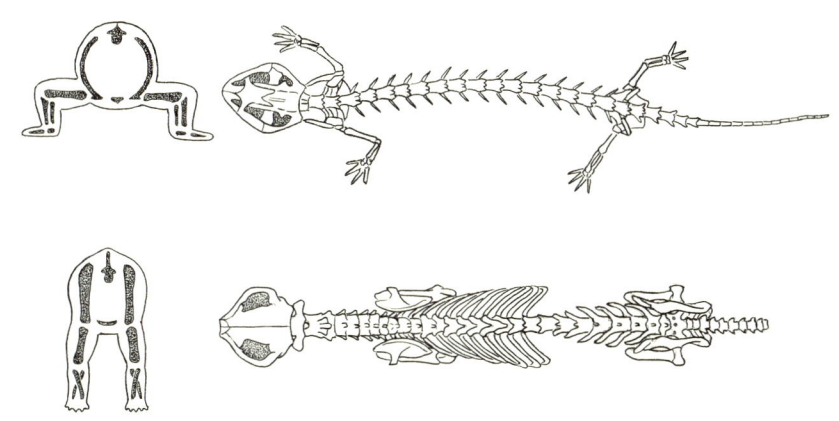

図5-2 脊椎動物の四肢構造を横断面と背側面観で比較する．体幹の側面に突出した形の初期の陸棲脊椎動物（上段）の四肢．対して哺乳類（下段）の四肢は，体幹の腹側地面側に垂直に伸びている．哺乳類に至って，体重を支持し，高い歩行性能を実現するための進化の跡が見て取れる．（描画：渡邊芳美）

れこそが，哺乳類の研ぎ澄まされた四肢の機能形態学的特質である．哺乳類ばかりを扱っていると形を見る目が育たないので，読者はぜひ，サンショウウオのような初期の陸棲脊椎動物と哺乳類のような派生形を比較して，四肢の付き方の違い，それにともなう四肢運動の空間的相違をつかんでいただきたい（図5-2）．

また同じようにふれることのできない群に，中生代の主竜類，いわゆる恐竜類のことがある．この群が特質としているのも，高度に効率的なロコモーション適応である．四肢形態の機能性を語る上でこれほど興味深いグループもない．本書の読者の初学者はいずれこれらの恐竜類をも，比較すべき対象に加えて頂きたい．

5.5 四肢の考え方5　肩と腰

陸棲脊椎動物の体幹と四肢は，前肢の場合は肩帯（前肢帯）という骨性の構造で，後肢の場合は同様に腰帯（後肢帯）と呼ばれる連結部位によって連結されている．進化史的にはさまざまな連結の様式があるが，哺乳類に至ると，前肢は一般に体幹との骨性の結合を退化させる傾向があり，多くの場合，体幹と骨による連結部をもたなくなっている．他方で，後肢は比較的早期につくられる恥

骨・坐骨・腸骨からなる寛骨の窪みに，大腿骨がはまり込むかたちがとられ，初期の陸棲群から進歩的な哺乳類まで，この点では一貫性が高い．

　前肢はというと，哺乳類段階では肩甲骨を使って，体幹を前肢に吊り下げるような意匠を見せる．筋肉の名前には読者はあまりこだわる必要はないが，扁平な肩甲骨をその外側の背面から菱形筋（りょうけいきん）という筋肉が脊椎ごと包んでいる．反対に肩甲骨の内側からは肋骨の外面に発する腹鋸筋（ふくきょきん）という，その名の通り鋸状になった筋肉が肩甲骨を体幹に貼りつけている．もちろん他にも肩と胴体を結ぶ筋群は多数あるが，こうした筋肉によって，前肢の背側に連なる肩甲骨が体幹部分を橋桁のように吊っているというのが実態である（図5-3）．

　もちろん退化気味とはいえ，哺乳類にも鎖骨という胸骨と肩甲骨を結ぶ骨性の連結装置が備わっている．ただし，比較的よく発達しているサルの仲間でも，その機能性は低い．飛翔行動中の体幹部を，翼から吊り下げるという意味では，コウモリ類の鎖骨の発達が極端によいともいえるが，例外的なものだろう．肩帯に関する限り，哺乳類は筋肉が連結のすべてを担っているといって過言ではない．

　逆に考えると，読者は，前肢の機能は完全には骨に反映されていないのではないかと疑うかもしれない．私たちは動物の形の機能について考えるとき，当然のように，骨の形を見る．それは大前提として，骨には運動機能のかなりの部分が形になって表現されているに違いないという，因果関係を想定するからだ．そして，その仮想的な因果関係は，多くの場合，実際に正しく成り立っている．しかし，哺乳類のからだの形態学的議論の進め方として，この肩甲骨の一例は批判力に富んでいる．そもそもロコモーションを語るときにもっとも大切であるはずの前肢帯の機能の大半が筋肉のみに委ねられているとするなら，化石に頼る古生物学はもとより，現生群を解剖しながらも骨に依存して理を唱えている比較解剖学者にとっても，由々しき現実である．

　だが，飽くなき解剖学の論理構築は，たとえば古脊椎動物の姿勢の復元というテーマ一つをとっても，骨格形態に根拠を残しにくい機能の推察を，詳細にまで進めている．肩甲骨が腹鋸筋によって肋骨を吊っている以上，各肋骨列のうちでどのあたりがもっとも大きな強度を備えているかを論議すれば，生きている哺乳類が体側に張りつけていた肩甲骨の位置が推測されよう．直接の骨性の接続がなかったとしても，骨それぞれがもつ剛体としての力学的特性を調べ

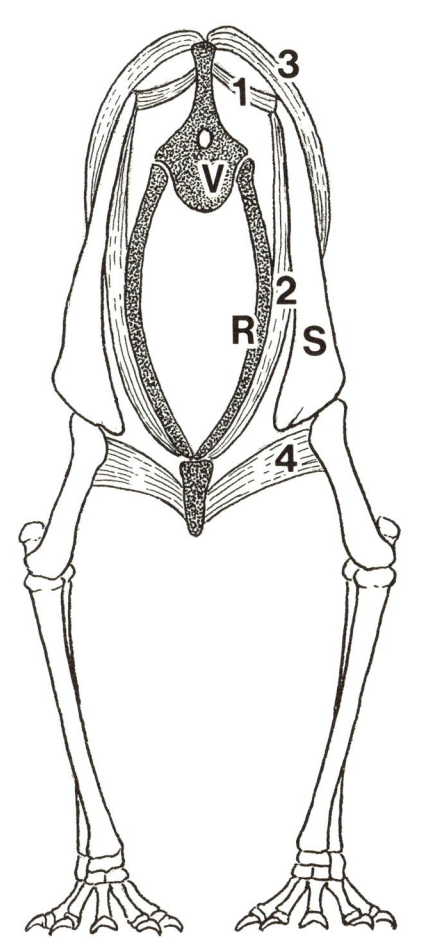

図 5-3 哺乳類の前肢と体幹の接続の様子を三次元横断的に見た図．骨性の連結ではなく，筋肉を使って肩甲骨から体幹をぶら下げているのが，哺乳類の肩の実態である．菱形筋（1）と腹鋸筋（2）が，肩甲骨（S）を体幹に貼りつけている．R は腹鋸筋が付着する肋骨．V は菱形筋が起始する頸椎・胸椎．3 は僧帽筋，4 は胸筋．（描画：渡邊芳美）

るだけでも，一定程度の機能の推測に結びつく．この例ならば，実際に肩甲骨は，もっとも強度の高い肋骨の付近に張りついているということが現生群で証明でき，究極的には肋骨さえあれば絶滅群の姿勢が復元できるだろうというところまで期待は膨らんでいく．

　解剖学はこうして，難題を一つ一つ論理として克服していくのである．最初にふれたように，つねに機能性と歴史性とが同時に進歩の動機として湧きあがり，次なる謎の出発点になっていることを銘記しよう．

　腰帯については，大腿骨の頭が寛骨にしっかりとはまり込むから，哺乳類の場合，筋肉による接着に頼る前肢帯とは様相を異にしている．機能推測も肩帯よりは容易な面もある．しかし，実際には寛骨は脊椎との間で腸腰筋などを配置することで，大胆かつ複雑多様な機能的進化の中心となっている．大腿骨や膝より遠位を引張する筋肉群の起点としても，寛骨は実に理想的な形状に完成されてきた．骨性の証拠を確実に残しているかどうかという違いも大切ではあるが，機能性にしろ歴史性にしろ，複雑な形には当然のように理解や解釈の困難さがともなっていることを，腰帯はつねに解剖学者に教えてくれるといえるかもしれない．

　先に棚上げしたが，多くの爬虫類や鳥類の前肢を体幹に連結するのは，実際には烏口骨(うこうこつ)と呼ばれる，哺乳類では退化し，意義を見出すことのできない骨格要素である．現生群で見た場合，鳥が翼から体幹を吊ることの形態学的機能性は，話の中心が烏口骨になってくる．肩甲骨も存在するが，どちらかといえば上腕骨に対する補助的な位置決めの装置のようなものに退化している．さらにいうと多くの爬虫類の烏口骨は，哺乳類とまったく異なって，前肢帯を骨学的に完全に体幹と接続させる中心的役割を果たしている．

　多くの爬虫類で，脊椎の運動が四肢によるロコモーションと独立させられないという効率的矛盾を抱えていることを，先に話した．簡単にいえば，脊椎の水平方向の運動とともに四肢が振りまわされるということである．確かにこのことの不利は非常に大きい．しかし爬虫類のロコモーションの実態は，単に非効率だと切り捨ててしまえるほど貧困ではなく，烏口骨を用いた精巧な肩帯を構成したことも事実なのである．少なくとも，薄い筋肉群で体幹と前肢を結んでいるがゆえに最高度のロコモーション機能を獲得した哺乳類と比べて，爬虫類の走行機能が単に劣っているといって議論から棄却する類のことではない．

爬虫類までの時代につくられてきた前肢帯の構造は，十分に高度化しているということができる．

最後に繰り返すが，哺乳類の歩行特性を明らかにするためには，どうしても四肢だけでなく，体幹の運動を同時に解析しなくてはまったく意味をなさない．それが実際には哺乳類の運動モデル構築を非常に困難としている大きな要因であることも間違いない．

5.6　四肢の考え方6　哺乳類の多様性

　先に，高等脊椎動物の四肢は，体幹からの運動の独立をめぐる歴史上の第二の挑戦であると述べた．しかし，もちろん，哺乳類こそ，柔軟な体幹の運動をロコモーションの動力に組み入れた一群であるという見方も，一方で正しい．順序としては，脊椎からの独立した四肢の自由な運動を確保した上で，両者を合理的に融合して，最高度に機能的な走行を実現したのが哺乳類の設計であると考えよう．つまり，哺乳類の場合，背骨の動きを，走行の邪魔になるのではなく，走行を効率的に行うための運動の一部に取り込んでしまっているのである．本書の多くの読者が哺乳類を学んでいく可能性をはらんでいることを考えると，ロコモーションの機能性を語る場合に，哺乳類のこの極度に合理的につくられた進化段階は重要な論題となる．

　哺乳類程度までロコモーションを高度化すると，四肢端部に機能性が表現されることになる．ヒトは二足歩行なので後回しにするが，多くの哺乳類の肢端部の設置様式を，蹠行性(しょこうせい)，趾行性，蹄行性の三通りに分ける考え方が，古くから採られてきた（図5-4）．四肢を体幹の直下に垂直に立てることに成功した哺乳類は，より進んだ進化段階では，肢端部分の使い方に多様性をもつようになったと考えられるからである．

　まずはマウスやラットの可能性があればむしろ幸せで，多くの大学で新入生のリベラルアーツとの接点がなくなり，基礎的な解剖学を実習で学ぶ機会が近年ますます減っていることを考えると，たとえば畜産学専門の人はいきなりブタと対面し，獣医学科の人は初めて見る高等脊椎動物の死体がイヌである可能性もあり得る．実に困ったことに，そういう意味では，蹠行性の動物に触れる機会が意外にも少なく，サルなどはどこか他で学ぶようにと促されて永久に終

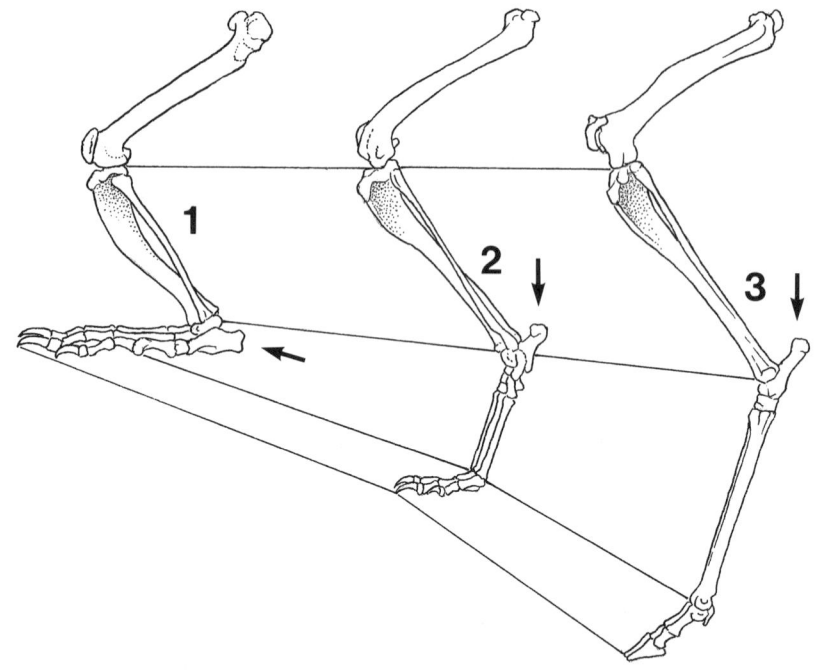

図5-4 哺乳類の後肢端部を見る．蹠行性 (1), 趾行性 (2), 蹄行性 (3) の三者に分けた．蹠行性は踵骨・足根部までを地面に下ろす様式．対して蹄行性はもっとも遠位の末節骨部しか接地させない．趾行性は中間的で，趾骨部を接地させ中足骨部を地面から持ち上げている様式である．矢印は踵骨を指す．(描画：渡邊芳美)

わってしまうのかもしれない．

　むしろ現代の学生が学ぶ機会が増えていると思われる蹄行性，趾行性の動物の肢端の形を考えておこう．ウマがもっとも極端な例として分かりやすいが，ウマの実習を受けられない人は，ウシやヤギといった反芻獣の体験で代替してくれて構わない．

　これらの蹄行性動物の基本戦略は，肢端の軽量化である．軽量化とはすなわち，運動機能の単純化である．こうした動物は，体重を支え，走る時に地面を蹴る以外には，肢端部にはほとんど機能がないといってよい．むしろ，機能を省き，軽量化を実現するべく自然淘汰を受けたと理解すべきものだ．

　動物の四肢はあくまでも棒状の実体であるが，哺乳類のように垂直に近く立つことのできる四肢であれば，後肢で喩えると，ロコモーションを股関節や膝関節を中心とした回転運動ととらえることができる．運動モデルと呼ぶには物

足りないが，多くのことを省いてみると，四肢による走行は剛体の円運動に近似させることが一応は可能なのである．

だとすれば，もっとも効率のよい走行装置は，それ自体は強度的に体重と走行の衝撃を支えることができているだけで十分で，あとは筋肉によってもっとも効率的に"回転"できることが四肢のただ一つの要求される機能といってよい．

自然淘汰が証明することであるが，走行を得意とする哺乳類のほぼすべてが，手首や踵，すなわち手根や足根部分を地面に接触させない．まずはヒトのように踵を一々地面に下ろしていれば，動作に余分なフェーズが加わる．ヒトが踵を下ろしながら歩くのは，あくまでもヒトの安静姿勢での安定が踵を接地させる形で保証されているからであって，ヒトの歩行は，前へ進むことだけを見れば，踵の上下動というまったく無駄な動作を繰り返しているということができる．他方，多くの哺乳類は踵や手首をけっして地面に下ろさないことで，ロコモーションの動作の段階を最大限省略することに成功している．

もう一つ，とりわけ蹄行性の動物は，肢端部，指骨・趾骨や中手骨・中足骨に，走行と体重維持以外の機能を備えていないことに注目したい．対立する戦略は，肢端部分に対象物の把握など歩行以外の機能性を備えさせるものである．指や掌を使って物体の保持を行う動物は，多かれ少なかれ，指骨・趾骨や中手骨・中足骨をより多数備え，それぞれを動かすための動力として複雑な筋肉とその走行領域や付着部位を用意しなければならない．当然そうした動物は肢端部の質量がより大きくかさんでくる．

円運動では質量をできるだけ回転の中心に近づけて配置した方が，同じ力を加えたとしても加速度が大きくなるのは自明だ．力学の慣性モーメントの概念である．これが，生体では，筋力に対する走行の合理性となって現れてしまう．走ることが得意な動物は，必ずや回転中心たる関節から遠い位置にある肢端部の機能を単純化・軽量化し，蹄行性の構造を選択しなくてはならないといえる．蹄行性は，まさに回転運動の優位性に起因した"そこそこの表現型"なのである．

この物理学的特性に説明されるように，走行を得意とする哺乳類は，多系統的に蹄行性に進化することとなった．現生群で典型的なのが，奇蹄類のウマ科と偶蹄類のシカ科・キリン科・ウシ科である．ウマ科は指・趾を第三指・趾の

一本に，シカ科，キリン科，ウシ科は第三・四指・趾に集約し，手根部や足根部から遠位の機能性をことごとく省略して，走行運動の合理化に特化している．

趾行性も，考え方としては，蹄行性と同じく，円運動に近似した時の肢端部の合理性によって選択された機構であろう．趾行性の場合，多くの食肉目がその実例となる．趾行性は，蹄行性に比べて，ロコモーションにおいては若干の不利益を抱え込んでいる．

趾行性は，当然，蹄行性に比べて手根部や足根部の上下動が大きいことを意味し，走行中に余計な動作が挿入されると考えることができよう．そしてもう一つは，肢端部の軽量化における不利益である．食肉目は指・趾を，蹄行性の獣より多数残していることが普通だ．実際に接地に使っているかどうか，あるいはどれほどの機能を残しているかは別にして，たとえばオオカミ・イヌは前後肢とも五本の指・趾の構造を残している．当然それは爪を武装とした捕食行動をとることを前提にしたものである．また，爪を並べたネコ科が，非常に巧みな捕食生態を見せることは周知の事実である．こうした前後肢の機能性の維持のために，趾行性の動物の多くは，肢端部の軽量化には蹄行性ほど成功していない．

そうした不利を補うためにも，肉食獣は，椎骨列の柔軟な運動を加えた歩幅の拡大や跳躍によって，極限まで合理化された蹄行性の走行に挑戦しているということができる．チーターや飼いネコの運動性が，他の動物種では観察されないほど高度に高速化しているのは，そうした趾行性ゆえの改良の結果である．

だが，いずれにしても，蹄行性の，走ることにだけ機能性を維持すればよい草食獣を，肢端部を武装に用いる趾行性の肉食獣が追うという図式は，往々にして草食獣側が有利となる．現実に観察すると，たとえば捕食者側が待ち伏せによる一撃で草食獣を仕留める，あるいは，持久的な競争を避け，スタンスの拡大に依存した短距離の襲撃で勝負をかけている点などは，趾行性側の不利を，生態学的特性で補っている場面だと考えることができる．

他方で蹠行性であるが，クマの一部などにも見られるほか，典型的な例は霊長類を考えればよかろう．蹠行性は，走行の合理性を二の次にした適応である．通常は，蹠行性は平地で捕食・被捕食関係を演じるグループには成立し得ない．走行・ロコモーションをこれほどまでに不合理にしておいても生きていけるのは，たとえば樹上性生態である．多くのサルは木に登るが，それは樹上での精

巧な肢端運動による,物の把握を優先したものだ.つまり,枝を握り,木の実をつかみ,次の枝へ飛び移るという精密さを要求される運動は,肢端部分に多様な可動域を備えたたくさんの骨を並べ,それを運動させる骨格筋群を配置しなければ実現できない.もちろんそれだけの生態を支えるには,肢端部分に単に高度な運動ユニットができあがっているということだけでなく,とても精密な感覚神経が配置されていることをも要求する.こうした機構自体が,もはや軽量化の困難な"そこそこの表現型"に進化しているのである.

蹠行性グループは,もちろん例外はあるが,地上に降りてきて暮らすことが難しいほど,高速走行性能の低い群ということができる.その代わりに,彼らが採る手法は,精密な肢端把握能力を使った,地味ではあるが,高度な生活力であるといえる.そこには大きめの中枢神経や,高精度の感覚など,からだの各部位に精巧な機能性ユニットを成立させることが必要となっている.本書では詳しくふれることができないが,このことがヒトを含む高等霊長類の特異な進化に繋がっている.

5.7 四肢骨と復元の関係

ところで,形態学者は絶滅した動物の生態を復元してほしいと要求されることがある.絶滅群は九分九厘化石化した骨格しか残さないので,前提として,骨格の形質から,生きている動物の姿を描けるかという問いかけになる.

骨格はそれ自体の大きさや形状や質量や強度のみならず,関節面を残し,筋肉の付着面を保存する.前者は可動域をかなりの正確さでデータ化することに繋がるであろうし,後者は骨格を動かす動力の性能・特性を今日まで物語ってくれる.機能性ですら,かなりの情報を抱えた化石が見つかるであろうし,何より,機能以前に系統についても相当の情報が得られるであろうから,現生の近縁の系統から形態学的指標を得ることもできる.これらを考え合わせると,骨学者は多分に絶滅脊椎動物の姿を客観的に復元できるものだという期待を担うことになる.

だが実際には,機能性においては,骨学的に保存される形態学的客観性は非常に低い.たとえば,多くの脊椎動物が関節面に軟骨を備えている.とくに荷重が大きく,運動性に厳格な制限のあるような関節は,関節面に広がる軟骨に

よって，その運動を規定されている例が普通だろう．

この軟骨は，事実上化石に残らない．もちろんその軟骨の台座として，化石化する骨格部分が存在するわけであるが，現実に化石証拠から軟骨による関節面の推測を試みても，ほとんど正確な復元は困難である．

軟骨というこの一例をとってみても，古生物学者が絶滅種に対して，骨学的に復元できる生体の形や姿勢や運動は，けっして確度の高いものではないと認識を新たにするべきである．

むしろ形態学が機能性に基づいてとり得るアプローチは，完全なる形状の推定から姿勢や運動を復元するのではなく，むしろ形状は不明確ながらも，姿勢や運動に一定程度の正確さを求めることであると考えられる．というのは，現生種を含む多数の種や系統のデータから，化石化した骨格からある一定の形態学的情報を得ることで，その絶滅群が必然的に追い込まれている姿勢や運動，生態が復元できるからである．

上述したように，化石化した骨は，筋肉の付着のデータをかなり正確に伝えてくれる．大きさや質量がある程度分かっている骨を，どう骨格筋が引張したかということは，残された筋肉付着領域のデータから確度をもって推測することができるであろう．となれば，関節面やその他の部分に関して失われるデータがあったとしても，当該化石に必要とされる姿勢保持のパターンを，引張する筋肉の付着データから類推することが可能となってくる．

たとえば，この動物のこの形の前腕は安静時には肘の角度がこういう値でなければならない，とか，この種の寛骨臼にはこの角度で大腿骨がはまっていなければならない，といった定量的議論が，高い必然性をもって語られるだけの，形態学の水準が確立されてきたといえるのである．

こうして考えると，姿勢の復元というのは，つねに一つの道筋のみが有効なのではなく，"そこそこの表現型"が備えなくてはならない必要条件を抽出していくいくつもの論理が，支え得るものであることが分かってくる．

古脊椎動物学がしばしば話題にしてきた姿勢の復元というのは，往々にして基礎形態学よりも，リベラルアーツやさらには博物館の生涯教育の角度からも，古生物の実態を絵に描くというあまりにも実用的な需要に引きずられて，真に大切な論議を欠く空気があった．それは東西を問わず認められるこの分野の悪癖ではある．しかし今日，機能性においても系統性においても，深まる基礎知

識に加えて，新たな解析手技が登場していることもあり，姿勢や生態の復元は，形態学のもっとも刺激的な，そしてもちろん客観性の高い論議がされる場面に育ちつつあるといえるだろう．

5.8 哺乳類の四肢から見た陸棲の考え方

肢端の構造から，蹄行性・趾行性・蹠行性という，哺乳類に見られる機能的グルーピングを論じた．この肢端部の機能的特化は，陸棲群全体を適応の観点からグルーピングする一つの重要な考え方を提示している．

陸棲生態は，もっとも大雑把に分ければ，開けた土地を生きるか，木に登るかの二者択一になる．それは陸上の脊椎動物においては，からだのあらゆる形態を決める，最初の分岐点であるといえるのである．前者を地上性，後者を樹上性と改めて呼びつつ，簡単に語っておきたい．

地上性の形態は，何よりもサイズの巨大化を一連の進化の基軸とする．前節で走行のことを詳述したが，開けた土地に出た動物がとる形態の特質は何よりも大型化することである．サイズが大きければ，直接的闘争のすべての局面で生存に有利だからである．

前節に登場したキリンは，雄の大型の集団なら体重1トンに達し，典型的な蹄行性肢端を備えている．現実にキリンが襲われ，蹄行性ゆえの走力を活かして逃げるシーンは必ずしも多くはないが，それでも走行適応はキリンの生存を明らかに有利に導いていることだろう．

他方，ゾウ科はどうか．ゾウの肢端部分は偽蹄行性などと呼ぶが，骨格としては手根・足根を地面から高い位置に置いているものの，実際の軟部構造を含めた四肢端部は巨大な円柱状の塊として，大きな面積をもちながら接地している．肢端部骨格の余計な運動機能はこれでも省かれているかもしれないが，明らかに巨大な肢端部は，走行における合理性を逸脱している．優美なシカやキリンの肢端部に比べて，ゾウの足先が明らかに軽量化していないのは，データを持ち出すまでもなく，読者にも理解できるだろう．

これは，5トンを超えてくるゾウ科の場合，巨大化こそが開けた土地での生存の有利さを実現していることを意味している．1トンのキリンならば蹄行性による走行適応が意味をなすが，5トンのアジアゾウでは，もはや走行適応よ

りも体重の大型化の方が単純に生存に有利と考えることができるのである．

　同様にサイ類やカバ類が，肢端の軽量化を二の次にしている感がある．現実には，サイ以上の体サイズの獲得に成功すれば，蹄行性による肢端の軽量化が難しくなり，丈夫な肢端部による過大な体重の支持を優先しなくてはならないということになる．おそらくは哺乳類の体重は1トンを超えるくらいから，走行適応の度合いが一定程度に頭打ちになると解釈することができるだろう．適応にはもちろん多様な戦略があるわけだが，形態学的に体サイズを大きくしてしまうという策が，地上性の群においては単純で強力な解答であることが読み取れる．

　他方で樹上性群というのは，そもそも身軽さを要求されるであろうから，体サイズの大型化には限界がある．たとえば，オオトカゲは小型の種は木に登るが，大型種では，成長後は樹上性生活を送ることが現実に難しくなる．コモドオオトカゲの場合に，いわゆる共食いが普通に行われるので，幼体や亜成体は樹上に逃げ，成体の捕食から身を守ることが行われる．小さい個体であれば，十分に樹上性適応が可能なのだ．

　哺乳類でいえば，肉食獣が分かりやすい．たとえばネコ科は多くのヤマネコ類やヒョウが木に登るだけの肢端部の器用さとからだの軽さを兼ね備えている．樹上の獲物を襲う場合や，大型の地上性種から身を守る際に，彼らは樹上空間を巧みに使うことができる．クマ科も同様である．たとえばツキノワグマやアメリカクロクマ，そしてヒグマの小さめの個体の場合，他の肉食獣の捕食から免れるために，幼獣は木登りに長けている．現実に捕食者に圧倒される北米のアメリカクロクマなどでは，生後の幼獣が樹上性生活を早く身につけるかどうかが，生き残りの鍵になっているとさえ考えられる．ところが大型のヒグマになると，体重ゆえに木登りが困難になる．ヒグマの場合，幼獣や小型の雌が樹上を生活の場とするのに対し，同種の大型の雄はまったくの地上性であることが多い．体サイズとはロコモーションの限界を最初に決めてしまう要素であり，既存の四肢端の構造よりも，往々にして体重が歩行・走行特性のすべてを決めていくことが多いといえる．

5.9 骨の実体と機能性

通常の解剖学の教科書は，しばしば骨について序盤で語るであろうから，普通のカリキュラム進行とは相前後することになるが，骨の運動をいくつかの場面でふれてきたので，この辺で骨と関節，そしてその周辺について，基礎事項を簡単にまとめておきたい．

まず，骨はカチカチに固まった静物として扱われることが多いが，現実には他の組織とさほど変わらない動態をもって代謝されている構造であって，その点に関して，例外的な生体機構ではない．骨に分布する細胞として，たとえば，骨細胞，骨芽細胞，破骨細胞が挙げられてきた．骨細胞は骨構造の代謝を支える本体である．骨芽細胞は骨構造をつくりだす細胞であり，逆に破骨細胞は骨構造を壊していく細胞である．これら三者によって運用されるメカニズムは，まさしく"そこそこの表現型"をなして生きていて，絶えず代謝される構造の概念としては筋肉や神経と大差ないといえる．

ただし，無機質を主体とした骨構造はかなり特異とも考えられよう．無機質部分はハイドロキシアパタイトと呼ばれているが，カルシウムとリン酸を主成分とする硬い構造体である．この硬さは，強度が大きいといってしまえば簡単であるが，実際には生体に三次元的にかかる複雑な力に抗するための，精巧な力学的組織を備えた構造体である．

5.10 骨と骨の連結の考え方

ここで，骨どうしの連結についてふれておこう．骨は硬く，十分な強度が得られるものだ．からだを防御し，運動の基点を設けていくには，骨のこの特徴は非常に重要である．成長に関しても，骨は細胞による破壊と増生のバランスを制御しながら，硬いものでありながら，形を変えて成長していくことができる．しかし，運動に際しからだがまったくの一体構造であるわけにはいかず，からだの運動機能に対して変形の難しい脊椎動物の骨の物理学的特性は，むしろやっかいなものだ．

そこで，力に対する骨の柔軟な運動を保証するために，骨の側は様々な可動性のある関節を用意する．関節は許容する運動の多様性から，様々な形状をもっ

て，骨と骨を連結している．関節は，多くの場合骨の面どうしが軟骨で覆われながら近接している．また，近接した関節面どうしが，関節包と呼ばれる丈夫な膜で包まれながら連結していることもある．関節包で包まれた狭い空間を関節腔と呼んでいる．

上記が関節を構成する必須の構造であるが，往々にして，関節を補強する副次的な構造が付加される．靭帯は関節をまたいで両骨格を連結し，関節の強度を高めたり，運動性，可動性を制限したりする．関節包をもつ場合，関節の間を繋ぐ靭帯の多くは関節包の内部で骨どうしを繋いでいることが普通だが，関節包の外側に靭帯が発達することも多く，側副靭帯と呼ばれている．

また関節腔内に，膠原線維や軟骨からなる関節円板や関節半月という腔内の隔離構造をつくることがある．関節円板と呼ぶのは関節腔を完全に分ける場合で，分離が不完全な場合は関節半月と称されている．円板や半月は，近接した関節面どうしの運動を円滑に誘導する，いわば潤活のための装置だとされてきた．その他に関節面を拡大するための関節唇や，関節腔を袋状に拡張するべく滑液包や滑液鞘が形成される．いずれも，関節面どうしの運動の滑りをよくするために機能していると考えられる．

関節面には多様な形状を見ることができる．もっとも単純なのは蝶番関節である．肘関節が代表例だが，主として一平面内での骨の運動を可能とするもので，一軸性関節と呼ばれる．二平面内の運動を維持する二軸性関節が，顆状関節や鞍関節である．前者は楕円形をした関節頭と関節窩の組み合わせで，後者は馬具の鞍状の凹面に凸面を組み合わせて二平面内の運動を保証している．顆状関節の代表例は哺乳類の環椎と後頭窩の間の関節で，鞍関節の典形例はヒトの第一指の手根中手関節が知られる．さらに自由度の大きな関節面は，球関節や臼状関節である．どちらも球をどう包んで連絡するかという非常に可動域の大きな関節で，哺乳類の肩関節のように比較的凹面が深くないものは，脱臼をどう防ぐかという問題はあるものの，とくに可動域を広くとれる可能性がある．他方，臼状関節の代表例に股関節があるが，動物種によっては凸面が非常に深くはまりこむ形状になっていて，球に近い面でありながら可動性を適切に制限し，姿勢の維持との調和を図ることができている．

他方，可動特性に特徴があるものに車軸関節がある．好例が橈骨と尺骨の間で前腕の回内と回外を実現している関節である．この例では尺骨の周囲を橈骨

が回転している．他方，可動性を大きく要求されない，接着に近い実例も多い．単純には多くの骨は結合組織によってかなり固く接着する．線維性の連結と呼ばれるものである．たとえば頭蓋のように複数の骨が一つの塊をつくっていることがあり，結果として骨と骨の間は縫合線で接続することになる．線維性の連結は必ずしもまったく動かない複数の骨の一体化を意味するわけではなく，骨どうしを緩く結合して一種の柔軟性を担保することもある．たとえば多くの哺乳類の左右下顎体の連合面が，初期には結合組織で緩く繋がっている．全体の形状を保持しながら，微妙に形態を変えるような機能性ユニットをつくるために，大いに利用される方式だ．またたとえば哺乳類の胸郭は，胸椎と肋骨の連結によって基本的な形状を構成するが，呼吸運動や四肢ロコモーションに際して一定の柔軟性を保証されなければならない．このような場合には，複数箇所の線維性の連結が小さいながらも可動性を発揮し続ける．

6 外界からの栄養摂取

6.1 消化器の考え方1　体表面の延長

　消化器は，外部からの栄養摂取という分かりやすい機能を担っているため，初等中等教育の理科や科学の段階でも，また健康に関して教える場面でも，基礎題材として頻繁にとりあげられてきた．ただし今日の教育課程では，消化器官を題材に進化学を教える意識はほとんどなく，単純にヒトの消化器のメカニズム論に終始してしまっていることが残念ではある．せっかくの消化器官の話が，すべてパラメディカルの職業訓練のような知識伝達としてしか論じられていないのが，世の趨勢だ．

　本書は消化管を，からだの中で類まれに巨大なサイズをもつ"そこそこの表現型"としてとらえ，脊椎動物が体制の中に，いかに消化管を中心とした消化機構をつくりあげてきたかを，歴史性を示しながら述べていくこととしよう．そのことが，形を見続ける意欲に応えていく唯一の道であると確信されるからである．

　話を極度に単純化すれば，消化器の存在意義は，外来栄養物の破壊と吸収と排泄に集約できる．そのための幅広い表面をもった消化管と，それに付属する酵素産生ユニットというのが，消化器の実態だ．中等教育でも教わるように，消化管の内腔はからだの外だと考えることが可能だ．

　だが，そうしたシンプルに語られる本質論とはまったく別に，現実の消化器，とくに消化管は，凡そ相同な器官が生み出す装置としては限界に近いほど，幅広く形態と特性を変異させることができる．

　消化管は，体表面が深部まで落ち込み，口から肛門まで体腔内を貫通する構造である．医学，獣医学や畜産学ではもちろんのこと，基礎動物学でさえ，消化管となるとすぐに食性に応じた形態と機能の区分論に話が移行してしまう．しかし，実際に脊椎動物の原初的な姿を考慮しながら進化学的にこの管の形を

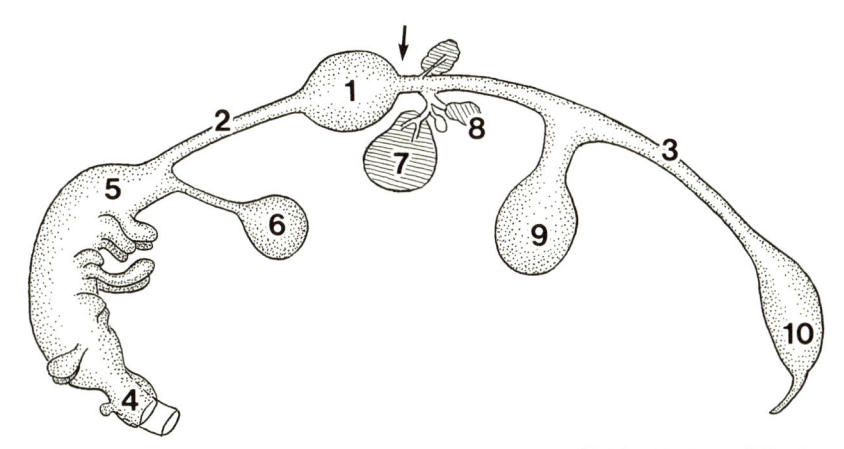

図6-1 脊椎動物の基本的な消化管とその周辺を取り出した図．幽門（矢印）を境に前腸と後腸に分けて考える．脊椎動物の消化管は，かなり初期の段階から，形態も機能も前腸と後腸で異なるものに進化している．1：胃，2：食道，3：腸管，4：口腔，5：咽頭，6：おもに派生群における肺，7：肝臓，8：膵臓，9：卵黄嚢，10：肛門・総排泄腔．左が頭側．（描画：渡邊芳美）

見たときには，胃に相当する領域が膨大する他には，均質で単純な管として始まったであろうという推測が成り立つ．

最初に見極めるべき解剖学的特徴に幽門がある．多くの魚類で，実際に幽門が視認されるであろう．幽門とは胃と腸の接続部だと考えればよい．胃が必ずしも大きく発達しない動物でも，その腸との連結部の幽門はたいていの場合明瞭なくびれを形づくるので，見つけやすい．もちろん正確な相同関係はしばし棚上げにするとして，幽門は脊椎動物の消化管において解剖学が最初に見つけ得る得意な形，つまりは手がかりであり，情報なのだ．

幽門を境に，前方を前腸，後方を後腸と呼んで区別する（図6-1）．"そこそこの表現型"として重要なとらえ方は，前腸が食物を受け入れる領域で，後腸がそれを消化吸収する場だという考え方である．

進化の歴史を見渡すと，実際には前腸はただの管であることが多い．つまり口から腸までを結ばなければならない必要悪に近い形として，前腸がある．もちろん，読者の扱う哺乳類や鳥類で，前腸に当たる領域が食道と胃として注目されているのは確かだ．だが，胃が高度な機能性ユニットに進化するのは，脊椎動物の系統のうち，マイナーな高等脊椎動物の系統だけだといってよい．進化学的な前腸のつくり変えについては，その一端を後述しよう．

対照的に後腸は，消化機能ユニットの主役であり続ける．単に食塊を粉砕破壊することにとどまらず，後腸はそれを吸収するための形を特化させている．つまり，進化の時代を経過すると，前腸も後腸も，食物の破壊・消化ということについては機能を幅広く備えるようになるが，それを体内へ摂り入れる部位としては，多くの場合は後腸を使い続けてきたといえるのである．
　さて，前腸も後腸も，粘膜側の表面に，消化酵素の分泌細胞を確立するという特徴がある．典型的な胃は蛋白質分解酵素を胃酸とともに分泌するだろう．腸は，後述の膵臓や肝臓とともに，大量の消化酵素を分泌する細胞を，表層近くに用意している．
　そしてもちろん前腸も後腸も，平滑筋を主体とした筋層の運動で，食塊を物理的に破砕することを要求される．少々話を飛ばすと，鳥類の砂嚢がよい例だが，前腸に当たるこの装置は，分厚い筋肉層を厚い粘膜で守りながら，食塊を破壊するミキサーとして機能する．多くの鳥が，わざと石や礫を飲み込んでこの砂嚢内部の"破砕器"として使っている．
　消化管は体表面の延長にすぎないと書いたが，大量の消化酵素を分泌しながら，なおかつ自分が消化されないように守り，後腸に至っては栄養素の吸収まで行っている．つまりは，"そこそこの表現型"としては多面的でかなり精巧な仕組みを持ち合わせていなければならない．現に消化機能ユニットは，ことごとく機能と形状が多様である．消化吸収というと一言で終わってしまうが，筋肉運動，酵素産生，消化液分泌，吸収といった，多彩な手法を駆使した総合的ユニットなのである．しかも，もちろんそれぞれの機能が，精巧な調節を受けているからこそ，"そこそこの表現型"は意味をもって機能し，突きつけられた高度な要求水準を満たす装置なのだ．つまりは，消化管は，半端なく完成されたユニットである．
　動物の側から見れば，外界に体内を曝すもっともリスクの大きな玄関口であるということもできる．外界の異物と長時間接し，それが体内に侵入する可能性の高い領域であるからこそ，先述のように，実際に消化管内には消化酵素や消化管運動による苛烈な環境がつくられている．前腸を中心に外界をサーベイしながら，栄養素を選んで摂り込むという策が，消化管の進化において絶えず採られていることを，忘れてはならない．
　こうした多彩な機能条件をすべて満たさなければ，消化器は進化学的に成立

しない．あまりにも多様な機能性を保証するためか，腹腔を貫通する管本体以外にも，酵素産生と分泌を機能の根幹に据えた消化機能ユニットを，原初的消化管から派生させている．その典型が膵臓と肝臓である．

6.2 消化器の考え方2　分化する消化酵素産生機構

　膵臓と肝臓は，発生学的には消化管の筒の外に，組織の高まりとして生じてくる芽のような形に始まる．どちらも内胚葉に関連して生じてくる上，その位置と形状からしても，いかにも消化管に付帯することで意義を成す"そこそこの表現型"の成立が暗示されるだろう．

　消化という観点からすれば，膵臓の特異性が目立つ．間違いなくすべての脊椎動物に存在するこのユニットは，大雑把には外分泌腺の塊といってよいだろう．分化した腸管でいえば十二指腸に当たる部位に，たいていは背腹二方向に原基が伸び出し，それぞれが腸管内腔に通じる管を備える．そして最終的には，腸間膜に寄り添うように場所を占めるのである．

　膵臓の歴史性については古典的な憶測で語られている部分が大きい．話としては，消化管の消化酵素分泌機構を，一定の体積のある腹腔内臓器に分化させたというストーリーが成り立つ．つまり，もともと消化管が担っていた消化酵素やその前駆体の腸管内腔への分泌能力を，別の組織に特化負担させ，腸管上皮の機能を切り分けたと考えることができるのである．しかし，現実に膵臓をもたない脊椎動物が存在するわけではないので，あくまでも観念論だ．とくに扱わないが，膵臓が血糖調節ホルモンの内分泌装置であることも周知の通りだ．

　他方，肝臓の方も，腸管から枝のように伸びて，腹腔内で最大級の臓器にまで特化する．特化といっても，実際には多種大量の酵素を産生しながら，体内の生化学的処理を一手に引き受ける面があるため，消化酵素などの腸管内への分泌機能は，肝臓の側から見れば，機能の一つでしかない．この外分泌に関しては，往々にして生じる胆嚢という袋が，分泌物の濃縮や貯留に一役買っている．

　肝臓の場合，消化器として見るのが不適切であるかのように，現実に果たすべき機能が多岐にわたり，体積も重量も非常に大きくなっている．"そこそこの表現型"としての意味づけがこれほど複雑な装置もないであろう．そして肝臓

が解剖学的に悩ましいのは，歴史的にその形状がかなり容易に変形していくことである．

マクロ解剖学的に見た肝臓の形は，ユニットとしての機能性をほとんど反映していない．肝臓が果たす酵素をはじめとした蛋白質の発現は，何も肝臓が一定の形をとっている必要を認めない．同様に形を変えやすい筋肉や脳などのユニットが，それでも三次元形状と機能が意味をもって結びつくのに対し，生化学的反応を旨とする肝臓は，それすらも規定できない．平たくいうと，腹腔内で安定して存在していさえすれば，形状は二の次である．

だから，たとえばごく一例だが，二足歩行するヒトの肝臓は，他の哺乳類とは比較できないほど，特殊な丸みを帯びたシルエットを呈する．これは重力に対して，肝臓が安定的な形をとるという選択淘汰が働いた結果であろうが，このような特異ともいえる形状でも，肝臓は機能を全うできる．

こうしたこともあって，解剖学者は意外にも，肝臓の形状そのものの検討は二の次にして，肝臓の腹腔内の保定について論議を深めようとする．哺乳類なら，肝臓は門脈や横隔膜に支えられて腹腔内に吊られている．また，鎌状間膜とか肝円索などと呼ばれる紐状や膜状の構造がその位置決めに貢献している．肝円索は胎子期の臍血管の痕跡であるし，他方の肝門脈も卵黄と繋がっていた大きな静脈の名残りである．こうした脊椎動物の原初的・基本的な体制の遺残物を抱え込むようにして，腹腔内に至当に位置決めされていることが，肝臓の解剖学の面白みの一つといえよう．腹腔内で巨大な体積を占めるこの構造は，その懸垂装置の成り立ちにおいて，腹腔の進化史と無縁ではいられないのである．

6.3 消化器の考え方3　動物性蛋白食から植物食へ

さて，脊椎動物に限らず，動物は基本的には，他の動物の体を食べて栄養素とすることに長けてきた．動物の体を分解するのは，生化学的にも物理的にも比較的簡単だからである．実際，動物性蛋白食，俗にいう肉食であれば，消化管の側にさしたる工夫は必要ない．無脊椎動物が蛋白質やミネラルを運用してある種の外殻や外骨格をつくって防備したところで，所詮動物体を破砕することは，消化管の運動や消化酵素，そして後述する歯牙による咀嚼運動にとっても，さほど難しい課題ではない．事実，脊椎動物はもちろんのこと，多くの動

物の系統が,最古・最初の段階で摂り入れようとする栄養源は,広い意味で同類である動物の体である.

しかし,地球に太陽光線が降り注ぐ限り生産される植物体を,動物が栄養源として見過ごすことはあり得ない.時代の経過とともに,自然環境の多様化は,植物を食べる動物を生み出すのである.

通常,植物を栄養源とするようになると,まず,消化管,とくに後腸に相当する幽門以下の領域に伸長が生じるものである.硬骨魚の一部に植物食のものが進化するが,例外はあろうが,近縁の動物蛋白食者に対して,胃より後方の部分で体サイズに対する相対的な伸長が生じている.爬虫類や哺乳類の場合にも,他の部位を改変するよりも,後部消化管を長くすることが多い.理屈上は,仮に植物体の破砕,分解,消化が困難であっても,吸収部分のサイズを拡大し,摂餌から排泄までの所要時間を長くすれば,吸収される栄養分の総量が増やせるからだろう.哺乳類ではたとえばクマ科やイヌ科など,雑食傾向の強い肉食獣の系統で,他の部分に派生的な形質があまり見られなくても,当座腸管の長さだけは長くしていると推察される種や系統が見られる.

次に起こることは,消化管のいずれかの部位に膨大部をつくり,植物体の貯留や,破砕,場合によっては自らの産生酵素以外の手法による生化学的消化の場を設けることである.たとえば,胃に膨らみや憩室をつくる例は数多い.雑食傾向の強い哺乳類を見ていくと,イノシシ(ブタ)やカバの仲間や齧歯類の一部に,胃の内腔が形状や機能において,チャンバーに分化している例がいくつも見られる.

胃には,ほとんどの脊椎動物で,胃酸と蛋白質分解酵素を分泌するいわゆる胃底腺(固有胃腺)を備えた領域が広がっている.胃底腺の分布する上皮では,蛋白質分解酵素を産生する細胞と,塩酸を分泌する細胞が機能分化を遂げ,光学顕微鏡レベルで識別可能な別の細胞として存在している.肉眼解剖の実習の場ですぐに学ぶことができるが,胃底腺を備えて自己消化されないように粘膜で防備された領域は,ピンク色のみずみずしい内壁を見せ,顕微鏡を用いなくても,胃のどこに胃腺が分布するかは肉眼で推察できる.

胃底腺をもつ上皮領域,すなわち胃底部が,胃のマクロの形状のどこに置かれるかは臨機応変に進化するといえる.つまり,胃酸をかけて蛋白質を消化する役割があることが胃の重要なアイデンティティではあるものの,胃全体の三

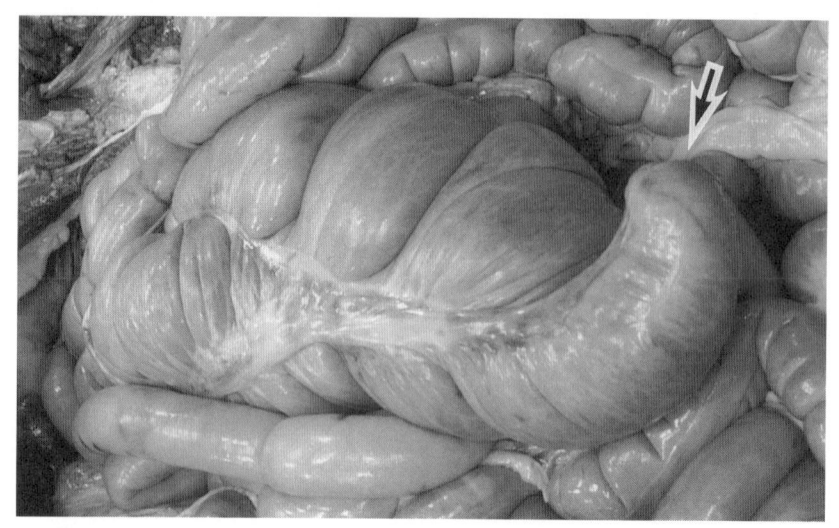

図6-2 ウマの盲腸．矢印は盲腸尖を指す．ウマでは複雑な結腸や巨大な盲腸が発達し，餌植物を分解している．発酵産物は腸壁を透過して血中へと吸収される．

次元形状からは，胃底部がどこに発達するかはまったく予測することができない．イノシシやカバでは胃底腺のまったく存在しない領域が一定程度体積をもって憩室状に広がり，この消化酵素のない部屋に植物体を受け止めて，食塊を物理的に破壊している．齧歯類，とくにネズミ類の場合，適応放散が著しいため，いくつかの系統でこうした憩室の進化が収斂的に進んでいる．

　ウサギやウマや多くの鳥類に見られる例として，植物食性の脊椎動物は，後腸部分を拡大して植物体の消化に充てることが多い（図6-2）．ウサギの拡大した盲腸や，ウマの複雑な結腸が典型的だ．これらの多くは，微生物，主として細菌を後部腸管の膨大部分に培養し，植物体の分解をこの微生物に任せる．産生された分解産物は揮発性脂肪酸を含み，それが後部腸管壁を透過して血液中に吸収されるのである．

　そして，植物体に対応した究極の消化装置として，一部の偶蹄類を中心に，反芻胃が進化した（図6-3）．おそらく本書の読者のかなりの割合が，これからの専門課程でこの反芻獣を学ぶ可能性がある．これは典型的には，ウシ科やシカ科，キリン科の系統，すなわち反芻類に見られるシステムで，四つの袋からなる胃である．とくに第一胃（ルーメン）と第二胃が，植物性の食塊からの栄養

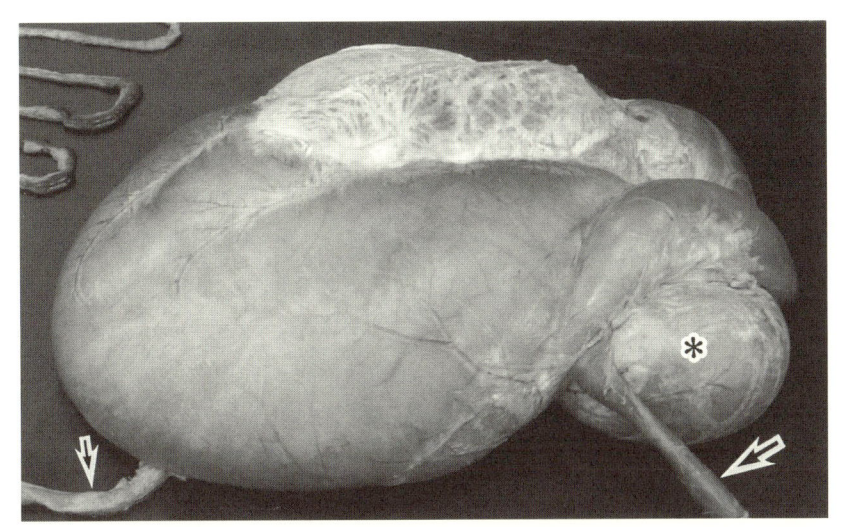

図6-3 ウシの反芻胃を見た．腹腔内での配置でいうと，左側面の背側を手前にして見渡した構図である．見えている大半の部分は第一胃で，アステリスクは第二胃を指す．大矢印は食道，小矢印は十二指腸．腹腔に大きな体積を占める発酵槽で，粗剛な植物体を分解できる高性能の消化装置である．

摂取のために特殊化を遂げている（図6-3）．ちなみに，吐き戻し運動という国語辞書的な意味とは無関係に，この複雑な形状をもち高度な機能を果たす胃を一般に反芻胃と呼んでいる．

　第一胃と第二胃は，実態は細菌培養タンクである．口から摂食された植物塊は，動物が産生する消化酵素では分解できない．その代わり，第一胃・第二胃には，この植物の塊を利用して生きる細菌叢が形成されている．細菌群は多種多様であるが，宿主たる動物と見事な共生関係をつくっているといえる．というのも，菌叢は，植物食動物が口に運んだ植物体を反芻胃内で消化し，それを栄養源にして増殖しているのだ．

　実際には細菌は，セルロースなどの植物体をセルラーゼに代表される酵素を使って分解している．食べた植物に含まれるセルロースやヘミセルロースやデンプンは，反芻胃内の細菌によって，揮発性脂肪酸に分解される．コハク酸，酢酸，酪酸，プロピオン酸，乳酸，メタン，二酸化炭素などが主たる分解産物である．

　反芻獣は，窒素代謝産物として，多くの動物が排泄してしまう尿素をも，唾液腺を使って反芻胃に流し込んで再利用を図る．外見からも一日中唾液を流し

ているように見える反芻獣は，たとえば500 kg超のウシなら，一日150リットルくらいの唾液を尿素の代謝を主目的に，消化管へ還流している．反芻胃の細菌叢はこの尿素をアンモニアに分解する．こうして，反芻胃内にはエネルギー源となる揮発性脂肪酸と体物質に化けるアンモニアが大量に湧いてくることになる．

細菌はこれらの栄養素を使って，分裂増殖を繰り返す．そして，反芻獣が現実に栄養として利用しているのは，この菌叢の菌体である．植物体そのものの消化は反芻獣にとって困難なのだが，細菌の菌体はいともたやすく分解できるからだ．つまりは，ルーメン内に豊富に生じる揮発性脂肪酸とアンモニアを使って細菌が自らの菌体を増やし，反芻獣は，その菌体を消化しているのである．

第一胃・第二胃はといえば，消化管の例にもれず，自律的に運動を繰り返している．反芻胃の場合には，食塊の物理的破壊というよりも，培養槽の内容を適切に攪拌する効果を生んでいる．反芻というだけあって食塊を繰り返し口まで吐き戻して噛み直すこともしているが，草食獣の栄養生理学においては必ずしも反芻というのは吐き戻しのことだけを指しているのではなく，培養槽を使った菌叢増殖システム全体を指す言葉だと理解すべきだ．ちなみに反芻獣の第三胃は，すでに菌叢の培養に使われ終わった残渣から，胃壁の収縮によって食塊の水分を抜き取る脱水装置の役割を担っている．

反芻獣は，培養した菌体を最終的に消化していくために，腹腔内の最も腹側に第四胃を用意している．第四胃は胃底腺を備えたいわゆる腺胃なので，ここから先は塩酸とペプシンで菌体蛋白質を分解，そして，十二指腸以降でまたの消化酵素によって分解，吸収する．終わってみれば，口から食べた植物を使って細菌を増殖させそれを消化するという，ルーメンなる培養槽を使った二段構えの自家培養栄養吸収ユニットを形成しているのが，反芻獣の驚くべき実態なのだ．本書は動物の形を"そこそこの表現型"ととらえ，その全体性を理解することを主眼に置いてきたが，反芻胃のシステムは本書が理解を試みる対象としても，あまりに巨大で精密につくられているといえるだろう．

先に前腸はただの口と腸の接続部でしかなく，大きな進化は全般的には起こらなかったと書いたが，反芻胃は脊椎動物の進化から見れば，例外中の例外である．反芻獣が起こした進化は，他の草食動物の後腸部の拡大とも異なって，前腸を巨大な培養タンクに換えるという消化管の進化史上の一大エポックに相

当しよう．

　微生物が植物体を分解して脂肪酸などのエネルギー源を得る過程は，定義からして発酵と呼ぶことができる．消化管のどこかにこの発酵タンクを備えるのが，地球上の脊椎動物が植物食をしながら生きていくために必要な解決策である．中でもこの反芻は，あまりにも機能性が高い仕組みだ．典型的なこの反芻胃の進化は，系統上の反芻類に特異の仕組みだと考えてよい．しかし，若干機能的に劣っていたり，胃の機能形態学的分化の程度が低いものでよければ，たとえば同じ偶蹄類のラクダ科などでも見ることができる．また一部の齧歯類などでも，反芻獣と類似する微生物発酵槽を備える例がある．培養タンクの創設そのものは，多系統的な進化ととらえることができるだろう．

6.4　消化器の考え方4　歯の装備

　幽門を解剖学的な古いアイデンティティとする消化管は，消化酵素を産生し，分解産物を吸収するために上皮を広げ，最後には微生物発酵タンクに化けることで，植物体すらも有効利用できる消化装置になり得た．これで，もはや地球上のありとあらゆる生物体が栄養源になったとさえいうことができる．

　他方，実際の食物を一定程度に切り取って食道に投げ込むには，食塊の破砕装置が口腔内に必要となるだろう．それが顎に定着した歯だ．

　咽頭弓にまつわる顎の来歴はすでに述べた．無顎類でも口の辺縁に角質の付属器をもつことはあるのだが，現実には運動性のある顎があって初めて，歯は有効な食塊破砕装置，あるいは捕殺装置となろう．顎ができたら，そこに切断力や破砕力を備えた硬い構造体が準備されることは必然とさえいえる．脊椎動物が用いた歯の材料はもともとは皮骨，すなわち，皮膚内に発生する硬組織だといわれている．厳密な相同性は問わないが，この来歴からして，歯を全身の骨格系の一部に含めることはない．もちろん進化学的に骨組織とよく似た構造も生じるのだが，あくまでも歯は皮膚内の硬組織であって，軟骨を介して骨化していく一般の骨組織とは別物である．

　典型的な哺乳類の歯牙は，エナメル質，象牙質，セメント質という，組織レベルで明確に異なる三つの構造からできている．口腔内に萌出した歯の表面に見えている非常に硬い組織がエナメル質だ．リン酸カルシウムの微小な柱状構

造が重なったものと考えればよい．エナメル質はそれをつくりだす細胞が分化した上でできあがる組織であり，実質上哺乳類段階で発展する構造だ．単純な硬さの測定からは，生体内でもっとも硬い構造だとされてきた．象牙質はやはりリン酸カルシウムからなり，骨格と似た微細構造と硬さをもつといえる．一定の体積を占める歯の本体がこの象牙質で構成されている．もう一つ，セメント質はかなり柔らかい微細な巣の入った構造で，これが，顎の骨と象牙質部分を接着する役割を果たしている．

サメ類などに見られる歯は原始的で，皮骨要素の延長そのものとして考えてよいだろう．魚類や両棲類では，歯といっても必ずしも顎骨との位置関係が明瞭でない構造も多々進化している．つまり，口の入口から食道までの間に，おそらくは皮骨要素を基にした物理的破砕器を備えていれば，それが位置的にどこであれ，歯と呼ぶことに妥当性があるといえる．さすがに一部の角化，硬化しただけの上皮まで"歯"と呼ぶのは言葉遣いとしておかしいであろうが，現生の魚類では，明らかに歯としなければならないものだけでも，あまりにも複雑な進化を遂げている．

ここではある程度高等な脊椎動物に話を絞ろう．象牙質を形成する細胞群の登場が歯の発達に必要な条件である．爬虫類では，歯ができたとしても，通常はただ顎の骨の表面に癒合しているだけとされ，端生歯と呼ばれてきた．これに対して顎の骨に陥凹部をつくり，しっかりと顎骨に植え込まれるタイプを槽生歯と呼んでいる．槽生歯は哺乳類によく進化しているが，穴にはまり込むという意味でなら，現生のワニ類の歯においても，すでに解剖学的特徴として備わっている．

哺乳類の歯は，機能に応じて大きく分化し，切歯，犬歯，前臼歯，後臼歯と呼ばれる（図6-4）．切歯は咀嚼対象物の捕捉や切り取り，犬歯は捕殺，前臼歯が切断，後臼歯が圧砕というのが元々の機能だ．このように歯が形態学的に分化することを異歯性と呼んでいる．異歯性は哺乳類の特徴だとされることもあるが，恐竜などの化石群まで含めれば爬虫類でも一定程度までは進化している．現生群ではワニの歯列を見ると，必ずしもただの円錐形の歯が並んでいるだけではないことに気づくだろう．ワニ類は現生の爬虫類としては際立って咀嚼機能に高度さを実現している系統である．異歯性は単に歯の分化のみで達成されるものではない．それは当然，下顎の繊細，微妙な運動調節が可能となってこ

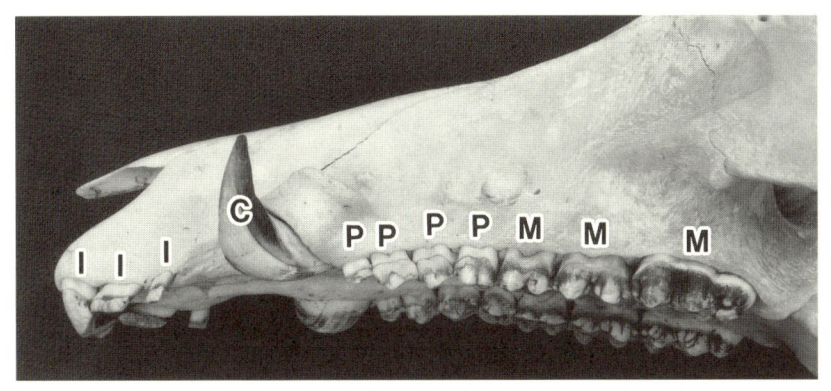

図6-4 イノシシの上顎左側歯列で，切歯（I），犬歯（C），前臼歯（P），後臼歯（M）を見た．それぞれ形状がきれいに分化し，切歯は植物の切り取りや土壌生物の採食に，犬歯は闘争に，前臼歯は食塊の切断，後臼歯は食塊の圧砕のために機能しているといわれている．

そ，機能的に意味をもつ．また哺乳類のように，硬いエナメル質を分厚く進化させたグループにおいてこそ，異歯性は効果的に働くといえる．

　歯には萌出と交換の概念がともなう．下等脊椎動物では，いまだに萌出と交換の実態が明確に把握されていない群が数多い．多くの魚類では，交換しようがしまいが，寿命のすべての期間を全うするだけの何らかの歯のシステムが備わっていると考えられている．他方，哺乳類はその点では明瞭で，乳歯から永久歯への交換が，生涯に一度だけ起こるものが大半である．これは哺乳類自体が，幼い段階で急速に成長し，成熟すると成長を止めていくという特異な成長パターンをとっていることと関連している．つまり，上顎と下顎の成長が急速に起こるため，幼獣の時期の歯のサイズや配列が，成長後の成獣の顎の大きさに合致しないのである．成長に合わせて後方の後臼歯をゆっくり萌出させて対応するなどの進化学的な工夫は当然起こしているものの，大規模な歯の交換を行うことで，成長曲線に対して合理的な歯列の形状とサイズを保証しているといえよう．

　系統でいうと，陸棲群では鳥類やカメ類が歯を失った大きな系統として注目される．前者は軽量化という至上命題のために，一切の歯を失ったと考えることができる．その他にも歯をもたない系統があるが，大雑把にいえば，食性の特殊化によって，歯列による破砕を必要としないグループがそれに相当するといってよい．

7 酸素を求める形

7.1 呼吸器の考え方1　ガス交換のための境界面

　論点を呼吸に移したいと思う．動物の形が，いかにガス交換のために成立しているかということは解剖学の巨大なテーマであり続けている．ガス交換のための最も原始的な"そこそこの表現型"は，鰓である．鰓については鰓弓の進化の項で既出している．目につく獣や鳥ばかり扱っていく読者にとっては多分に無関係なシステムだが，心臓によって拍出された二酸化炭素に富む血液を，直後に上皮一枚越しに水流に曝す装置であると理解できる．

　鰓の大原則は，血流をできるだけ広く複雑な境界面をもって水流に曝すことである．鰓に限ったことではないが，循環の項で語ったように，血管は太いサイズで量を運び，極力細く枝分かれして，血中物質と外界とのやりとりをする．鰓は，丈夫な鰓弓に支えられながら，毛細血管を大量に抱え込んだ高次のミクロ構造を成立させ，理想的に広い接触面で水流に覆われて，ガス交換を実現する．ほぼすべての魚類と両棲類がこの鰓なるユニットで酸素摂取と炭酸ガス排出を行っている．

　他方，脊椎動物にとっては生存に必要なガス交換は，からだのどこかで行われていればよいのであって，原始的な"そこそこの表現型"たる鰓に依存する必要はない．先述の消化管では，摂取対象が食塊内の栄養分であり，捨てるべきは食塊から生成される排泄物であるから，機能性をもち得るユニットは体表面の陥凹たる消化管に限局されざるを得なかった．ところがガス交換の場合，それは極端な話，脊椎動物のからだの形の，どこを借用しても意義のあるユニットをつくりだす可能性がある．

　実際，脊椎動物はどうやらその初期から，呼吸のための形をつくりあげている．その一つが皮膚，そしてもう一つが肺である．動物学や獣医学の教育では，その優れた機能性に着目して，哺乳類の肺を，派生的な色彩の強い，高等脊椎

動物に特化したガス交換装置だと語ってきた．しかし，肺のユニットとしての機能性は，実際には脊椎動物の初期から，場あたり的に採り入れられてきた仕組みだと考えるのが妥当だろう．

　肺は，発生学的には消化管の途中に分枝した袋状の突出部をつくることで，進化を開始することができた．袋状の構造には，少しでも細かく分岐した細い血管をまとわりつかせる．能動的呼吸運動がすぐに行えるかどうかは別問題として，これで口から消化管経由で外界の空気をからだの深部へ導き，発達した境界面を血流との間に備えることができる．

　高機能の鰓にガス交換能力を依存する魚類が非常に多いが，現生の魚類でも，この消化管から分岐した袋と，それに貼りつく血流路をガス交換の無視できない機構としているものが進化している．典型的なものは肺魚である．肺魚の場合，原始的な肺はもはや呼吸のための主たる装置として使われ，空気呼吸を欠いては生きられない局面さえある．

　肺は化石として残る構造ではないが，からだの深部に，肺が占有するスペースが化石として残される可能性がある．実際，デボン紀などの古い魚類にも，肺が成立していたと思われる間接的な化石示唆が見出される．

　現生の軟骨魚類や硬骨魚類を見わたすと，この消化管からの袋の分岐をまったくもたないケースもある．たとえば現生の軟骨魚類はこうした構造を退化させたと結論できよう．他方硬骨魚の多くが進化させているユニットが，鰾（うきぶくろ）である．

　魚類に一般に見られる鰾が原始的な肺であると，獣医学や畜産学の解剖学領域では教育されることが多かった．しかし現実の魚類に多様な形状や大きさで備わっている鰾が，哺乳類の肺と相同なものだと見なすことはできない．陸棲脊椎動物の肺は，肺魚を含め間違いなく相同であろうが，より古い"そこそこの表現型"としての"肺"が現実に相同であったかどうかはまだ検証の途上であるし，現生魚類の多様な鰾を肺と相同なシステムと考えることは難しい．なお鰾の機能は，魚類の遊泳時の浮力調節装置，つまり体密度の変更機構であると考えることができる．

7.2 呼吸器の考え方2　高度なエネルギー支援ユニット

　呼吸器においては，ガス交換という目につく機能がまず"そこそこの表現型"をつくりだしている．だが，そのスペックを決めるのは，あくまでも生体におけるエネルギーの出納関係である．呼吸器を見るときに，酸素をどれほど多く消費するかという生体側の要求と不可分であることが見えてくる．

　哺乳類の肺（図7-1）は，極限まで境界面を拡大した，もっとも複雑なガス交換装置だと考えることができる．血流サイドは，内皮一枚で覆われた毛細血管にまで分枝している．他方空気の側も房状に分かれ，高次に入り組んだ肺胞を形成する．両棲類の成体やいわゆる爬虫類にもガス交換を全うする肺がつくら

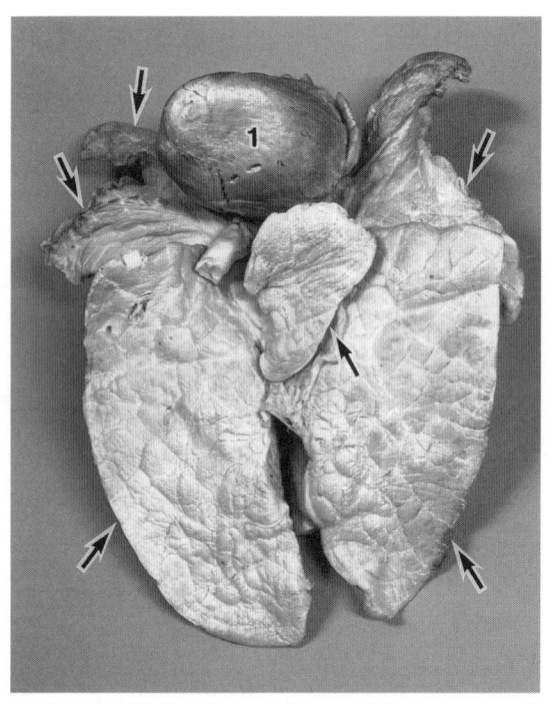

図7-1　ブタの肺を腹側後方より見た．この角度からいくつかの葉（矢印）が確認できる．樹脂含浸した標本で硬化しているが，元来は微細な肺胞に大量の空気を含み，スポンジ状に柔軟である．肺に能動的な収縮力はないが，鼻や口から大量の空気を含んで毛細血管に曝すことのできる高機能の換気装置である．1は心臓．ソウル大学・木村順平博士のご協力による．

れているが，毛細血管を幾重にも絡めた肺胞の量的な発達度は哺乳類にまったく及ばない．

　マクロレベルで哺乳類と両棲爬虫類の肺を観察すると，ともに概念は柔軟な袋であるが，その内部にぎっしりと肺胞の"詰まった"哺乳類と，大きな巣だらけ空所だらけの両棲爬虫類の肺は，あまりにも異なっている．ガス交換境界面自体は大同小異の組織構造であろうが，肺の体積一杯に境界面をたたみ込んでいるかどうかの違いがあるのだ．

　もう一つ，鰓で水流を起こしたように，呼吸する肺には空気の流れを確保しなければならない．この点で両棲爬虫類が口腔や体壁の小規模な筋肉運動を換気の動力に用いているのに対し，哺乳類は，体壁の筋肉群の他に，能動的な横隔膜によって換気能力を格段に向上させている．

　鳥類に関していえば，往々にして肺以上に気嚢が語られている．鳥類にも発達した肺が備わっているが，一方で気道から枝分かれした気嚢という複雑な形状の空所が，体腔の隙間を埋めるように拡大している．実際にガス交換を行う部位は分岐した毛細血管との境界面でなくてはならないが，気嚢ではその複雑な空所内に空気を往来させて効率的に肺を含む空間内の空気を流動させることができる．気嚢は，大量の酸素と軽量化された体幹部を要求する鳥類に備わった，肺に付随する派生的な換気ユニットととらえることができる．

7.3　呼吸器の考え方3　体制の左右対称性の崩壊

　これまで見てきたように，肺は，消化管から分岐してつくられる袋で，空気と血流の境界面を形にしたものである．他方で，元々ある皮膚をガス交換の境界とすることも進化史の中で進められてきた．両棲類の湿った体表面は外気とのガスのやりとりの場として高い機能性をもっている．陸棲温帯域のカメなどは，水底で冬眠に入るとき，酸素の摂取と炭酸ガスの排出をほぼすべて皮膚に依存している．このように本来体表面を覆って保護するユニットであった皮膚は，形態学的特性をそのまま活用して呼吸を担うユニットに化けている．

　既に語った循環系は，肺の進化とともに，整然と設計されてきた左右対称性を大きく攪乱されてしまう．肺そのものが空間を占有していく様も多分に派生的で，体幹部の左右対称性を堅持するよりは，肺の発達以前にできあがってい

る体腔の内のりの形に依存して，左右と背腹へ場当たり的に拡大していく．

　そして陸棲の脊椎動物で，最終的に左右対称性を大きく崩す要因は肺循環の確立である．肺はもはや普通に酸素を消費するユニットの一つではなくて，体中の二酸化炭素と酸素を交換するエネルギー支援ユニットに変貌を遂げている．それゆえ，心臓と大血管のいくつかを肺循環に割り当てることになり，最終的に脊椎動物の体腔内のシンメトリーは，崩壊してしまうのである．

8 統御のための形

8.1 神経の考え方1　神経細胞とその機能性ユニット

　一定程度に体制を確立し，機能分化したユニットをいくつももつ脊椎動物にとって，体内で情報を伝達し，情報を処理し，ついにはからだ全体を統御する神経系は，必然の構造である．からだを街やプラントに喩えたら，情報インフラのようなものかもしれない．だから必ずといってよいくらいに，神経やら脳やらを初学者から学ぶのであるが，かなり困ることが二つ生じる．

　一つは，他の構造に比べて，基本的に学ぶ細胞の形と"そこそこの表現型"としてできあがる機能性が，直感的に結びつきにくいのが神経系の特徴であることだ．たとえば，筋肉ならば，もし筋細胞の筋原線維の収縮の仕組みを多分に還元論的に学んだとして，そのメカニズム論とマクロ解剖学的な筋肉の機能ユニットは，おそらく容易に結びつく．極端な話，個々に見てしまった筋細胞の有り様の足し算をすれば，その延長線上で上腕二頭筋も大腿四頭筋も想起することができるだろう．腎臓とてしかりである．糸球体の機構を学んだ学生にとって，腎臓全体のユニットとしての機能性は，理解が難しいものではない．ところが神経系は，神経細胞の姿と役割を学んだところで，突然次のページに大脳新皮質の解説が入ると，もはやほとんど脳の全体性を，単一の神経細胞から類推することが難しくなっているはずだ．

　もう一つは，進化学的な神経系の難しさだろう．マクロ解剖学の進化学的な面白さはすでに複数の個所で見てきたが，神経系は系統がひとたび離れると，かなり非連続的にユニットの構造が異なるものとなる．鳥の脳と哺乳類の脳を比べても，意匠の連続性が希薄に思われるのだ．

　突き詰めれば，神経系は，"そこそこの表現型"がマクロの形状と一対一に結びつかないために，話を難しくしているのだろう．肝臓の輪郭形状の話をした時に似た論を持ち込んだが，脳や脊髄や末梢神経の肉眼で見える形状が，必ず

しも生体として厳しい要求を突きつけられているようには思われず，他の形状を採用しても十分に"そこそこの表現型"を進化させられたのではないかと思えてしまうことが，神経系の解剖学の最初に感じる難しさかもしれない．

神経細胞は，中学校でも教わるが，特別な形を見せる細胞である．この細胞は，細胞体から，情報伝達のために軸索なる部分が線状に伸長する．おそらくこの伸長した部分自体は融通の利かない情報ラインでしかないが，次の細胞との間に最終的に化学物質による接続部，シナプスを形成する．このシナプス部分で情報は冗長性をもって変化し得る．シナプス自体の物理的な連結構築のほか，化学物質による伝達内容の修飾が加わって，ただの糸電話の糸にしか見えていなかった神経線維と細胞の繋がりは，高度な情報創出体系として機能するようになる．

機能性ユニットという考え方を化学物質による情報伝達に当てはめながら，内分泌器官から神経細胞までを一般化してしまおう．化学物質による細胞から細胞への情報伝達は，距離を無視すれば，概念として統合できる．もっとも近距離の場合は，細胞が自らの細胞をターゲットとしているいわゆるオートクラインである．また，近距離の細胞間伝達であればパラクライン，他方で体内のどこか遠隔のターゲットを対象にしている場合には，いわゆるホルモン内分泌の概念となる．これらすべてを，同じ概念でくくることができる．伝達に物質を使う細胞にとって，相手が何であれ，現象としては至極似たものなのである．

こうした，動物の扱う一連の情報の高度化が，あまりにも微細構造としての細胞の理解とはかけはなれるため，神経細胞を用いた幾多のユニットが，解剖学の機能性ユニットとしてはとりわけ難解なものとなる．挙句にそれは，個々の細胞からは推察しにくいほどの巨大な全体性を有した仕組みにまで高度化する．もちろん，その頂点が脳であることは自明だろう．

8.2 神経の考え方2　脳と発生

脊椎動物の脳は，解剖学的にも多様にすぎる．それは，天文学的に大量の神経細胞が絡みあうことで，その情報処理の複雑な経過を実現する"そこそこの表現型"である．これまでもふれてきたように，残念ながら，その形状は系統による大雑把な特徴は決まっているが，どうやら機能性を見やすく示してくれ

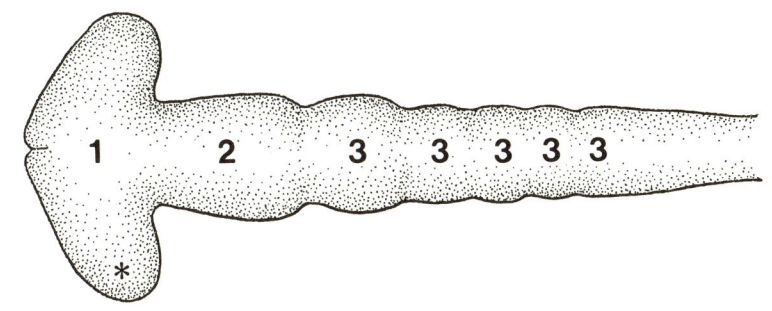

図 8-1 神経管から初期分化する前脳 (1), 中脳 (2), 菱脳 (3). アステリスクは眼胞を指す. 背面観. (描画: 渡邊芳美)

るような機能と形の関係がとられているわけではない.

　ここで, 少し発生の様子を見ながら, 事柄を整理しよう. 中枢神経の発生学では, 発生の比較的初期に神経管に現れてくる脳の大雑把な形を, からだの前方から, 前脳, 中脳, 菱脳と三部分に区分する (図 8-1). 第 2 章でナメクジウオには脳が見当たらないと書いたが, 実際にはナメクジウオにおいても神経管に初期の領域区分は進んでいる模様だ.

　前脳は終脳と間脳に分けることができるが, 終脳は, 成体の大脳半球や, 大脳皮質, 嗅葉, 基底核などに分化していく. この終脳は, できあがる部分が高度な働きを司っているという印象をもつが, おそらくはナメクジウオに明確な終脳領域は分化せず, 脊椎動物で本格化した構造だと推測してよいだろう. 間脳は視床下部の周囲を構成する. また中脳は, 視葉や中脳蓋をつくる. 菱脳は, 後脳と髄脳に分かれ, 後脳は小脳や橋, 髄脳は延髄に化ける部分だ.

　非常に大雑把だが, この脳の基本区分は, 感覚器・受容器からの情報集約の機能分割と結果的に関連しているといえるだろう. すなわち, 嗅覚に関する部分が終脳, 視覚に関する中枢が中脳, 耳や魚類の側線に当たる部分をとりまとめるのが, 後脳であったと考えることができる.

　理解を早めるために, この神経管が膨れた状態から発生を考えてみる. 実際には, 中脳が取り残されるという印象をもってよい. 対して, 菱脳の後脳部分が大きくなって小脳を形づくる. そして何よりも前脳の終脳領域が, 大脳として高等脊椎動物で大発展を遂げていくのである.

　脊椎動物の考え方としては, 神経管から始まる上記の三脳, あるいは五脳の

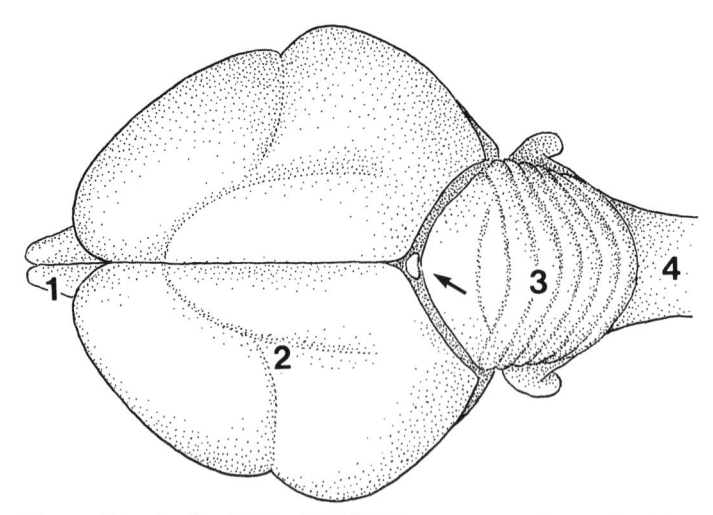

図8-2 ガチョウの脳．背面観．高等脊椎動物はこのように巨大な大脳半球 (2) が特徴的である．彼らの高度な生存能力を示唆している．1: 嗅球，3: 小脳体，4: 延髄．矢印は松果体を指す．（描画：渡邊芳美）

分割状態から，どれを重視して発展させるかという比率の問題であるといえるかもしれない．読者の多くが学ぶであろう哺乳類なら，圧倒的に終脳領域を発達させることで，高度な情報処理を身につけたことになる．大脳，とりわけ大脳新皮質の巨大さと複雑さが哺乳類の特質ですらある．しかもそれは，いくつかの領域ごとの機能性を保証し，溝や回と呼ばれる深い複雑な皺を形づくる．

鳥類でも大脳半球の大きさは際立つ（図8-2）が，後脳による巨大な小脳の確立が特徴として挙げられる．これらに比して下等脊椎動物では，中脳から視葉を大きくつくり，終脳といっても大脳皮質ではなく嗅葉部分のみを大きく構成するなどといった，明瞭な相違が現れる．

発生学的な脳区分を加えることで，発生期の"サブユニット"のどれを生涯の主たる情報処理の中心に据えるかという類型が脊椎動物の脳の進化学的存在様式であると解釈すれば，分かりやすくなると思われる．それ以上に，大脳の機能にふれていくのは本書の守備範囲を超えると思うので，この辺で脳について区切りをつけたいと思う．

8.3 神経の考え方 3　伝えるルート

　神経は，先にふれた神経細胞が無数に連絡しながら，情報の伝達ルートをつくっていく．組織学的，細胞生物学的な軸索やシナプスの記述とはかけはなれたマクロ解剖での神経の問題を知っておく必要があろう．受容器から中枢へ，逆に中枢から効果器へ，情報を伝えるのが，神経系の機能の基本である．

　まずは相手がたとえば皮膚や筋肉のように，明らかに外界との情報のやりとりに関わる神経を体性神経と呼び，他方で内臓などとのやりとりをするものを内臓性神経と呼ぶ．神経自体は一方通行であるから，実際には体性神経と内臓性神経のそれぞれに遠心性，求心性の二通りのルートがあり，計四通りの機能形態学的属性で，神経は分けられることになる．脊髄を例にとると，多くの場合，脊髄の腹側からは脊髄の中の神経細胞から遠心性神経が伸び，逆に背側からは求心性の線維が末梢から脊髄へ向かって入っていくことが多い．

　伝達路の面白みは，脊椎動物が体節性を備えていることに結びつく．すなわち，脊髄神経は，脊椎のどこから外へ出るかということと，その線維が関係する受容器や効果器がどの範囲にあるかということは，例外はあっても体節を基準に明確に結びついている．分かりやすいのは損傷のケースであろう．脊髄周囲の特定の領域が破壊された場合に，該当する脊髄からの支配領域が特異的にまず受容・効果の機能を失う．

　逆にいうと，脊髄神経に見られる進化学的な変異に関して，その祖先型との相同性を吟味するには，線維の末梢の側がどこまで伸びているのかを検討する手法が採られることがある．たとえばヘビ類のように椎骨が増え，しかも判断の指標となる前肢帯や後肢帯を失っている場合には，末梢の受容器と効果器の同定と，そこから伸びる線維の解析が，現実には脊髄や脊椎の体節上の位置決めに使われることがある．少なくとも発生を追うことのできない系統群では，成体のマクロ情報は何らかの有効な情報をもたらしてくれるだろう．

　先にふれたように，伝達のための線維を欠いても，つまり古典的には内分泌生理学の範疇に含まれる化学物質による情報伝達であっても，理論上は神経生理学と同じ土俵で論議するべきである．中枢はあまたの神経線維による連絡と，血流路などを使った内分泌を，適宜使い分けて進化しているというのが本当のところである．

神経の解剖学については，基本を整理すると以上のようになる．あまりにも解剖学的に複雑で巨大な相手であるため，そのための成書を多数要する分野ではあるが，初学者に向けた原理原則はこのくらいで至当だろう．あとは動物を学ぶ初学者にとっては，神経生理学や内分泌生理学の書物が，学ぶのに有益であろうと思われる．

9 殖やすための形・捨てるための形

9.1 生殖腺の考え方

　生殖器はもちろん次世代の繁殖のための"そこそこの表現型"である．脊椎動物は，たとえば一度に2億も産卵するとされるマンボウのような例から，一産一子を守るヒトのようなものまで，卵の生産において多様性に富む．またたとえば，雄の精子の動向も，多様な繁殖特性を支えている．ともあれ見方を変えると，いずれにしても減数分裂を進めて生殖細胞をつくりだすことが，生殖器ユニットの本質的機能性であるといってよいだろう．この観点で論じれば，雄と雌をとりたてて分ける必要もない．生殖細胞に将来分化していく未分化な細胞を始原生殖細胞と呼ぶ．この始原生殖細胞を組織内に取り込み定着させて，減数分裂を進行させるのが生殖腺のアイデンティティである．

　生殖腺の場合，その芽生えは，腹腔背側に膨れ上がる縦長の組織塊，いわゆる生殖隆起である．始原生殖細胞は卵黄包から，後腸壁，背側腸間膜を遊走して，生殖隆起に到達する（図9-1）．そして生殖隆起部において生殖上皮を構成しながら発生過程を踏む．なぜ上皮が都合よいかは難しい問題だが，生殖腺たるもの，上皮を利用しながら一定体積の実質部分を構成していくのである．上皮は性索という柱状あるいは壁状の盛り上がりを形成しつつ，生殖腺をつくりあげる．精巣も卵巣も上皮からなる性索を構築するという解剖学的概念は類似している．

　精巣に関していえば，取り込んだ始原生殖細胞に，精細管という管状構造の集魂を用意する．減数分裂を進めながら，形態を最終的に精子にもっていくためには，そのために特化した細胞分化環境を準備しなければならない．それゆえ，管の中に生殖細胞を確保し，栄養補給と，内分泌的制御を独占的に受ける構造をつくらなければならない．雄の場合に，それが精細管の集積だということができるだろう．管内には都合よく上皮が内のりをつくり，そこに始原生殖

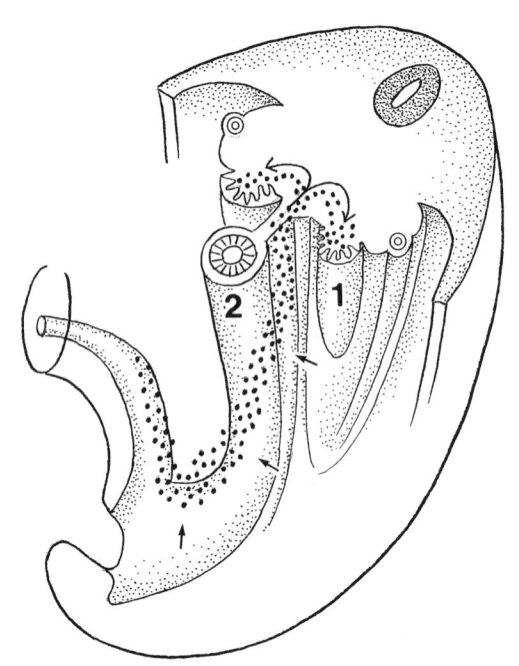

図 9-1 生殖腺の発生．脊椎動物の後半身を左腹側前方から見た．古典的に描かれてきた模式図である．始原生殖細胞（矢印）が腹腔後方背側の生殖隆起（1）に到達し，実質的に生殖腺をつくり始める．2 は腸管．（描画：渡邊芳美）

細胞が到達している．雄の場合，脊椎動物では，明らかに数の多い，そして明らかに運動性の大きい生殖細胞を，大量につくりだすように進化した．そのため，管状構造を長い距離にわたって築き，細胞の量的生産に貢献している．

他方，雌は，精巣とは対照的な策をとる．数量的には魚類などでは大量の卵子を生産使用する場合もあるが，実際には精巣に比べて桁違いに少なくてよい．高等脊椎動物では，実際につくられ，あるいは使われる卵の数は，用意される始原生殖細胞に比べてごくわずかということになる．上皮内の生殖細胞は，性索に取り込まれながら，卵巣の辺縁部に定着し，減数分裂に入る．数は要らないうえ，運動性も要求されない．代わりに細胞質遺伝を担うが，いずれにしても，少数の雌性生殖細胞を限局された一定の区域内で分裂させていくというのが，雌の実態だ．

9.2 泌尿器の考え方

　ここで生殖にまつわる話に一区切りつけて，泌尿器官を扱っておきたい．泌尿器と生殖器を一括して語る解剖学上の理由は，実は乏しい．発生する位置が互いに隣接していることは無視できないが，それよりも臨床やパラメディカルの領域で，体系的・慣習的に両者一体でグルーピングされてきたことが大きく影響し，また医療の実学的な局面でも一括しておくことに合理性があるからだといえる．

　泌尿器であるが，無脊椎動物が系統的にも多様な仕組みを排泄装置として生み出したのに対し，脊椎動物は一貫して独立した腎臓を左右有対で腹腔の背側に配置している．ただし，発生に見られる腎臓の形成過程はなかなかに興味深い．哺乳類しか扱わない読者にとっても，少しだけでも腎臓の発生を見ておくことは有意義なことである．

　発生学的に腎臓は単純さと複雑さを兼ね備えているといえるだろう．単純だと認識できるのは体節との関係である．発生の初期において腎臓は，体節と側板に挟まれるようにして組織を形成し始める．組織は明らかに体節制をもって節ごとにつくられていくため，これを腎節と呼んでいる．それぞれの腎節ごとに細管が接続するため，原始的な腎臓は，体節に沿って細長い柱状の構造に，体節ごとに尿を捨てるための管が接続する仕組みである．細管は，しばしば原腎管と呼ばれる集合管に合流している．

　腎臓に要求される機能を支えれば，体節に即しながらできあがるこの原始的腎臓は，一つの完結した"そこそこの表現型"を得ている．原始腎臓は，理想的に原始状態を示す脊椎動物を頭に浮かべれば，脊椎動物の基本体制に合致した合理的で整った形状を実現していることが明らかである．

　しかし，進化とともにこの原始状態と思しき腎臓は，退化し，細管や集合管を変形させながら，新しい腎臓をつくりだす．傾向としては古い腎組織，いわゆる前腎は前方から退行し，後方に腎組織が派生するようになる．当然，より新しい腎臓に原腎管や細管が形状を変えながら接続し，泌尿機能を果たすようになる．この段階の腎臓を古典的に中腎と呼んでいる．中腎は，たとえば爬虫類の成体や哺乳類の胎子期の排泄器として機能している構造である．ところが，鳥類や哺乳類では，この中腎すらも成体では消失する．中腎のさらに後方に組

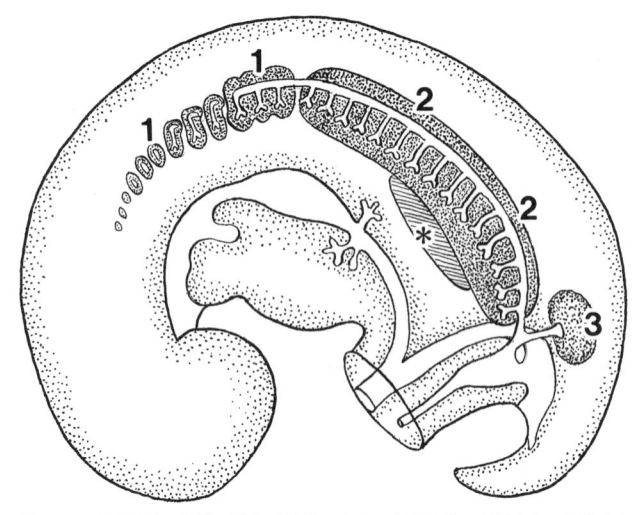

図9-2　脊椎動物の腎臓の進化は劇的である．前腎(1), 中腎(2), 後腎(3)と，進化史の間にユニットのバトンタッチを進める．アスタリスクは生殖腺．側面観．左が頭側．（描画：渡邊芳美）

織塊を集め，細管をたくさん発生させて新たな腎臓，後腎をつくりあげ，最終的なユニットとして使っている．

　ここまでを見て腎臓が他の器官と異なる発生学的様相を呈することに気づかれるだろう．体節性に制限を受けていることは確かだが，前腎，中腎，後腎と，進化学的にも発生学的にも，ユニットを橋渡ししていくのである（図9-2）．本書の"そこそこの表現型"という概念が，こうした事例をも理解しやすくしてくれていると思う．脊椎動物は歴史学的時代あるいは発生学的ステージごとに必ず泌尿器のユニットを備えていて，前腎，中腎，後腎なるそれぞれの時代の腎臓が，主役の座を移行していくというものである．

　なぜ腎臓だけがこれだけ激的にユニット間のバトンタッチをするかは明確ではないが，おそらくは発生や進化とともに腎臓の機能の量的拡大を要求されるからだと思われる．事実，原始的な腎臓の腎組織は発達が悪いとされ，中腎，後腎となるにつれて，腎細管は明らかに数を増やす．また，急速に腎細管や糸球体を増やすせいか，とくに後腎は体節による影響をマスクするかのように，組織自体が巨大となり節状の構造が見られなくなる．

　ユニットをバトンタッチすることから，原始的な細管の一部は，生殖器官，

とくに精巣のユニットに取り囲まれて使われているといわれたことがある．先述のように，泌尿器と生殖器を一緒に論議する必要はないのだが，細管の動静について見ると，両者をグループとして論じることの，一定程度の妥当性はあるだろう．

なお，後腎は腎細管の発達のみならず，構造内あるいはユニット内に発展的な帰結を生み出している．哺乳類の後腎は，尿を集める機能性においても，祖先のものよりも飛躍的に分化を遂げている．その構造の代表が腎盂である．腎盂は，細管の尿を一括して受けとめるカップ状の構造で，量的に拡大した尿生産に対して，適応的な尿回収機構といえるだろう．

9.3 捨てることと選ぶこと

意外に思われるかもしれないが，腎臓は腹腔内には存在しない．他の臓器と異なって腹膜の外に置かれている．もし腹腔側から腎臓の解剖を開始すると，必ず丈夫な腹膜を切開する作業が必要となる．

メカニズム論でいうと，中学・高校で教わるように，糸球体で比較的大きめの物質を濾し取り，濾液を尿細管に通して再吸収を行う．糸球体は血圧を利用して物質を選択し，尿細管は，あえて大きなエネルギーを消費しながら，物質を管壁越しに吸収する．

血液から老廃物たる尿をつくりだすときに，この二段構えの策を講じるのは無駄なようで，実は合理的だ．もちろん分子量ごとに選択の方法を変えているという見方も可能だ．だが，真の理由は別にある．不要な老廃物を吸収するための遺伝学的バックグラウンドを無限に予備的に維持することはできないのである．つまり，糸球体により，大型の血液内容物を選択した後は，可能なら不要な物質を排除したくなるのだが，外来の無数の異物に対して不要な物質を想定して選択輸送するメカニズムは，おそらく自然淘汰的につくりあげることは難しい．逆に，濾液から必要な物質を再吸収するための遺伝子を自然淘汰に任せて保持する方が理にかなっている．

つまり，腎臓がしなければならないことは，不要な物質を捨てることではなく，必要な物質を選び出すことなのである．ここで遺伝学的にどんな機能が備わっているのかと考えれば，たとえば，再吸収のための必要な物質のレセプター

や選択的透過に関わるもろもろの蛋白質を想定すればよい．こうした機能発現をもってして，血球はもちろんのこと，血糖や蛋白質や脂肪，ミネラルなど，必須の物質を選択し，血中に残すことに成功している．排泄対象物として尿がつくられることは，生存のために必須なものを選び取った結果でしかない．

　先述のように腎臓の機能に質的多様性は乏しいが，たとえば生息環境における水の貴重さなどを反映して，腎臓のマクロ解剖学的形状には一定の変化が見られる．哺乳類の場合，種によって腎臓の相対的サイズは異なっている．また，左右の腎臓の形状も一般的には似たものが多いが，有名なところではウマのように，左右の腎臓の形態学的差異が際立つ種もある．鯨類の仕事からは，海棲哺乳類が一般に多数の葉に分かれたいわゆる分葉腎をもち，塩分濃度の高い環境に適応していることの反映だと考えられてきた．分葉腎が海棲適応群の多くの種や系統で見られるため，たとえば腎臓の一部が機能不全を起こした場合にも，別の分葉によってそれが補われ，体内塩分量の調節が図られるなどといった解釈が，分葉形状に対して提示されてきている．

10 外面を覆う形

10.1 皮膚の考え方1 外界からの保護

　外表面を覆うシートを論議してみたい．動物は外表面をいかに形づくるかで，外貌を決められてしまう．そのための巨大なユニットが皮膚である．体積は小さいかもしれないが，生体中で最大のサイズをもつ"そこそこの表現型"である．にもかかわらず理学でも農学でも医学でも，解剖学では皮膚の教育に重点が置かれることはないだろう．医学臨床家の需要から，皮膚が大きく扱われるのは火傷かアトピー性皮膚炎か外科の治癒経過くらいになってしまっている実状からしても，教育システムの中では軽んじられているといえる．たくさんの疾患の実例が，たやすく全身症状に至るような，たとえば心臓や消化管などにますます実学的教育がシフトしてしまうのは悲しいことである．しかし，本書はこの巨大なユニットの考え方をできる限り本質から伝えたいと思う．

　概念として，皮膚は表皮とその下の真皮に明確に分けられる．表皮は体表面を完全に覆い尽くす，最外表部の構造である．表皮は比較的薄くて，往々にして単純な構造である．また，細胞の尺度でいえば，たくさんの細胞が層を重ねている．

　外表面に存在するユニットが課される唯一無二の本来的役割は，からだを保護することである．保護とは単純な機能論のように思われるが，生体が外界と境界をなすという機能は意外に難題をともなう．なぜならば，一定の強度がなければ保護が達せられないと同時に，運動にさらされるユニットであるので，広範囲にわたる柔軟性が保証されなければならないのである．細胞や組織のスケールからすればマクロの生体の運動はケタ違いに大きく，体サイズに対応した柔軟性を備えるには，大きな伸展や屈曲に耐える物理学的性質が要求される．

　もう一つ，皮膚が求められる表現型の要素は，圧力や摩擦に対して，損耗をもって対処することである．皮膚を除く他のほとんどの"そこそこの表現型"

は，外部からの物理的力を加えられたときに，まったく損傷しないことが要求されている．つまり構造が無傷で存在し続けなければならないといえる．それに対して，皮膚はつねに外力を加えられるため，むしろ確実に破壊されながら，その代償として深部の損壊を防ぐ仕組みになっていなければならない．

そこで表皮がユニットとして確立しているシステムが，表層での組織の角化である．表皮では細胞が深部で分裂し，最外層へ向けて送り出されていく．この一連の細胞層が最終的に死んで角質化し，体表から剥げ落ちる．実際に外部からの力が加わって損傷しながら剥離していく細胞層は，すでに死滅したいわば老廃物である．進化的に成立した皮膚，とりわけ表皮は，この外界との軋轢を細胞の分裂と死の代謝でもって埋め合わせるという，合理性に富んだ解決策を示してくれる．

本書は脊椎動物を守備範囲にしているが，外表面を細胞のターンオーバーの場に据えて，摩擦による小規模な破壊と両立させるという方法は，一定程度のサイズをもった多細胞生物に共通して見られる仕組みである．無脊椎動物はおろか植物まで，ある程度のサイズをもった生命を覆う表層部は，繰り返し死滅・再生する細胞群や組織によって形づくられているということができる．

ここで鱗についてふれておきたい．鳥類の脚部や爬虫類の体表に見られる鱗は，表皮の角化が亢進した状態だと理解できる．ここで対照的なものとして哺乳類の皮膚を持ち出せば分かりやすいように，角質化の進んだ硬い鱗は，からだの保護という視点からは理想的だ．柔軟性は担保するとしても，細かく分かれた角質の小板は，小型の外敵や穏やかな外来物ならば弾き返すことができる．鳥類も含めて爬虫類の系統で広く鱗が発達したのは，それが優れた体表防護装置になり得たことの証でもある．角質化は進化史的にも合理性の高い仕組みであり，体表の様式として至当なものだろう．

一方で両棲類や哺乳類の系統は，鱗たる形を運用することが苦手なようだ．センザンコウやアルマジロなどに鱗状の外表面をもつ例は見られるが，少数派である．また，魚類でいえば，もちろん鱗は魚の象徴ともいえるくらい一般的な特徴ではあるが，実際には多様化した構造だ．しかもどれも爬虫類や哺乳類における角質化構造とは発生学的に異なっている．

少しだけ魚類の鱗にふれておくと，多く見られる硬骨魚類の鱗は，皮骨格という皮膚の中に発生する骨性の構造物に起原をもつといわれている．つまり表

皮細胞が角質化して固くなったものではなく，皮膚内につくられていた骨組織が比較的薄く残されたものである．元を正すと，古代の硬骨魚類により明確で強固な皮骨格がつくられ，鱗として形をとった例が見られる．現生の魚の鱗は，こういった皮骨格の成れの果てだと考えることができる．

こうして見ると鱗は多様であるとともに，系統ごとにいわゆる"鱗"の構造は発生学的に異なっている．"鱗"をつくる材料が，多くの系統で異なっているといえるのである．逆に見ると，哺乳類のように鱗的な硬い防御構造が一般化しない系統も生じ得るといえる．外表面の形は，ユニットとして高い機能性を備える割には，多分に系統ごとに基本の構成を決められた構造体なのである．

10.2 皮膚の考え方2　外界への働きかけ

外表面の機能は前節で語ったように外界からのからだの保護である．しかし，皮膚はつねに外界と生体の境界面を構成している．それゆえ"そこそこの表現型"として，からだの側から外界へ向けたひとまとまりの積極的な機能性を果たすことがある．

体色というのは，解剖学よりは生態学で議論されることが多いくらいに，形よりも生態の文脈にのってくる．脊椎動物の体色のかなりの部分は皮膚への色素沈着の帰結だ．いかなる色素がどのくらいの量，どういうルールで分布するかで，体色はかなりのところまで決定される．それゆえ，肉眼レベルの立体形状を扱う解剖学からは，しばしば蚊帳の外に置かれるのかもしれない．

体色にどういう意味があるかといえば，外部との情報のやりとりであると要約できる．保護色や警告色などの積極的な適応が知られるが，存在を知らせ合う，信号を取り交わすといった，多分に同種，同集団内のコミュニケーション手段になっていることも多い．

光の物理学的性質に依存した構造色などの例外を除けば，いくつかの色素沈着を制御することで，動物は全体としての体色をつくりあげている．単に細胞や領域のメカニズム論ばかりではなく，自然界によく見られる縞模様や斑紋は，一定領域の皮膚の色素の発現内容を全体として統御する仕組み，あるいは物理化学的原理に委ねられて決まる．脊椎動物は限られたメカニズムの運用で，多様な色彩を生み出すことに成功していると考えてよいだろう．

さて，皮膚の角化部には多様な派生物が進化している．体毛，爪，角，羽毛など，生態戦略の中で非常に重要な機能を果たすユニットが，往々にして皮膚の角質部からつくられている．哺乳類では，角質の皮膚付属器という"そこそこの表現型"の一部が，重要な機能的意味をもってきた．もちろん，角質付属器は，外表面が広い境界面を占めるからこそ，多様な形と機能を要求されている．しかし真の要因は，脊椎動物の体制から生み出される皮膚以外の構造の多様性に一定の限界があることと関係しているようだ．

　無脊椎動物，中でも節足動物や軟体動物などの種類の多い群は，からだ全体の形状については脊椎動物より一層の多様性を見せていると考えることができる．こうした無脊椎動物は，からだ全体の形状に著しく変異をもたせられる群なのである．逆にいうと脊椎動物とくに哺乳類は，昆虫や貝のようには進化学的に変形できず，それを補うかのように角質構造を利用して，外装の機能をユニットとして特化させているといえるだろう．

　爪は，平爪や蹄，鉤爪などのように，角質部分を変形させながら，指・趾のもっとも遠位部分に装着されている．ヒトの実例で分かるように，平爪は肢端把握能力を支えるフックだと思えばよい．蹄は，奇蹄類や偶蹄類を中心に，やはり肢端部をすっぽり覆う角質器である．蹄の場合，体重を支え，激しい運動の接地面となるという過酷な要求を突きつけられている．他方，鉤爪は多くの肉食獣で不可欠な武装となっている．

　武装という観点では，角も哺乳類にとっては重要なユニットとなる．ウシ科の多くが備える角は，内部に頭蓋の芯棒が入っているとはいえ，その周辺をすっぽりと覆う刀の鞘のようになった角質の付属器で，その構造から洞角と呼ばれる．獣医学や畜産学は，ウシ科を多数扱うために洞角の基礎形態学的情報を蓄積してきた．角はあくまでも前頭骨の角突起と呼ばれる骨格の一部が本体を成してはいるが，外表面を覆う角化ユニットとしての洞角は，被捕食者たるウシ科にとってもっとも強力な防備となっている．また現実には，捕食者に対する武器であると同時に，同種内での繁殖をめぐる闘争に用いられている．そしてそれは実際の物理的な闘争に用いられるばかりではなく，争いを避けるディスプレイ装置として進化するに至る．

　哺乳類の角を俯瞰すると，角質化した皮膚を用いるのは，サイの頭部の角が好例である．サイ科の場合は，外鼻孔の背側後方に，ケラチンの巨大な塊が生

じていて，武装としての機能をもつ．サイの場合，頭蓋の背側に角の設置を補強するような巨大な粗面が成立する．そして，そこに基礎を置く骨性の芯をもたない角が，巨大に発達する．

またよく進化した角は，シカの枝角やキリンの皮膚をかぶった角のように，多くの場合は頭蓋骨の骨性の突起を応用した構造になっている．角質器の話題から外れるが，とくにシカ科の枝角は哺乳類の角としては，系統的に大規模に発展している．

一方で角質の付属器を巧みに用いているのが，鳥類の羽毛である．普通の鳥は体表に角質化した羽毛を密に生やしている．それはからだの各部分において，風切羽，尾羽，綿羽などのように形状を変え，それぞれが明確に異なる機能を果たしている．風切羽は非対称の断面形状により揚力を生み出している．他方，綿羽はおもに腹側を覆い，からだの断熱，保温のために密生する羽である．もちろん，これらが色素発現や構造色を通して，体色として外界への情報媒体となっていることも事実である．保護色や同種への体色信号なども羽毛に委ねられているといえる．

脊椎動物は，鳥類以外に翼竜類とコウモリ類で飛翔能力を獲得したが，鳥類の特質は，羽毛に揚力源を委ねていることである．これは鳥類全体について非常に高度な飛行機能が進化した鍵になっている．コウモリ類は面積の大きな翼を使ったはばたきによる飛行を旨としているが，それゆえ，体幹や後肢までもが皮膚でできた翼を支持するために使われ，飛行以外のロコモーションを高度に実現できる形になっていない．

しかし，鳥類は本来体表面の被覆ユニットである皮膚から派生させた角質器に揚力発生を任せたため，少なくとも後肢は地上でのロコモーションに活用できるようになっている．角質構造の中では鳥類の羽毛は際立って機能性に富み，系統全体の繁栄を支えているとさえいえるだろう．皮膚はまさに"そこそこの表現型"の好例だが，それを最大限に活用している例として，鳥類の飛翔を理解することができる．

10.3 体表面積の意味

表皮や真皮の物理学的あるいは組織学的特性とは異なる話であるが，そもそ

もからだのサイズと分けて考えることのできないものこそ，外面を覆うからだの形である．体サイズがもっとも大きく影響するものの一つが体表面積であるし，逆に必要な体表面積から決められてくる生体の基本的なスペックが体サイズだということもできる．

動物は栄養と酸素を摂り入れて，基礎代謝によって体温をつくりだすが，からだの表面の形とは，その熱を外界とやりとりする境界面なのである．単純化して物事を考えれば体積は長さの三乗で増減するが，表面積は長さの二乗でしか変化しない．このことは体の大きな動物ほど体表面積が相対的に小さいことを意味する．体表面は外界との熱の伝達を司っているので，体温維持の難易度は体サイズによって決まってしまう．

変温動物の場合，日向と日陰を往来して体温を一定の変動幅に抑えようとする．ところが，夜間や日陰において気温が下がったとしても，大型の動物の場合はなかなか体温が下がらない．たとえば極端に巨大な恐竜の場合，昼間蓄熱してしまうと，結局一晩中ほとんど体温が下がらなかったはずだ．俗に慣性恒温と呼ばれる状態である．逆に小型のトカゲやカメなどは，事実上外気温と平行して体温が容易に上下してしまう．

他方で恒温動物では，寒冷環境への適応において明らかに大型化が有利に働く．哺乳類のように大量のエネルギー消費を基盤にして生きるグループでは，小型の動物はつねに栄養摂取と酸素消費を亢進して，基礎代謝率を高く保たないと，生きることができない．他方，地球上でもっとも過酷な地に分布を広げるトナカイやホッキョクグマでは，体サイズを一定に大型化したことで，寒冷下でも穏やかに体温を維持することが可能となっている．

これを"そこそこの表現型"としてとらえたのが，ベルクマンのルールである．哺乳類の同種内で体サイズの地理的変異を比較すると，寒冷地のものが大きいという傾向を指したものだ．近縁の異種にまで拡大して適用されることもあれば，むしろルールとしてまったく成り立っていない場合も少なくない．大切なのは，体サイズの変異によって体重あたりの体表面積が変化し，体表面を介した熱交換の条件が変わってしまうということである．つまり外表面の形態は，先述の柔軟性や強度や角質化といったそれ自体の形態学的特性もさることながら，単に面積が広いか狭いかで体温維持条件を確定しているのである．動物の外表の機能の興味深い点は，それ自体が単純ながら巨大なシステムを成し

つつ，体サイズと不即不離の設計を施されているということにある．

11 標本収蔵と解剖学

11.1 博物館の利

 一冊をもって形の見方を学んできた．最後に解剖学を順調に進めていくために，なくてはならない存在を説いておきたいと思う．それは博物館である．ここで博物館という組織について論じる考えはない．論点は解剖学という学と博物館という価値観が不即不離であることを伝えておきたいと思う．

 ここまで見てきたように，解剖学はからだの構造を形として受け止め，客観性・説得性のために解析を加えていく．そこには時空を旅するかのような比較総合の概念が含まれている．ということは，研究の現場に，空気のように死体集積から標本収蔵という一連の流れができていないことには，解剖学は成り立たないのである．

 そもそも大学というのは真理を探究する場であるから，そこで解剖学が行われ，死体収集や標本蓄積が行われていて何ら構わないのだが，日本の場合，非常に不幸なことに大学はスクラップアンドビルドを旨としてしまっている．つまり新しいことを見つけるという大学の普遍的責務が，なぜか古いものは廃棄すると読み替えられてしまったのが，後発の人工的先進国である日本の大学の悲しすぎる醜態なのである．教授が代わり，学術政策が代わり，いまでは経営者が代わるたびに物を捨てるというのが日本型大学の在り様になっているので，死体収集と標本蓄積が必須の解剖学は，日本のアカデミズムで維持することが難しくなってしまっている．さらには先述のように，"解剖学"が，医学や関連領域にのみ押し込められた挙句に実学教育の中の一部門に閉塞してしまい，資格教育を下支えする矮小化した"カリキュラム"装置になってしまったことも事実だ．大学をもってしても，解剖学を真理探究の場で活動させることが，日本のアカデミズムでは困難を極めているといえよう．

 そこで，博物館のアイデンティティが大きな可能性を見せる．死体集積から

標本収蔵というのは，まさに何千年もかけて人類に受け入れられてきた博物館なる場所が，常時進めていくべき責務だとして社会に理解を得ることに，一定の妥当性があるからである．博物館が人類の知をモノの蓄積をもって具現化する場所だという考え方は，多くの人の賛同を得られることが期待される．そうなれば，解剖学は，いつ壊されるかわからない大学よりは，最初からリベラルアーツの源泉を標榜している博物館に相応しい存在だといえるだろう．

もちろん他方で，博物館を遊興施設と見なしたり，公共事業の箱物と貶めたり，いまでは収益を上げることでのみ存在を認められる催事場だと見なす愚かさも，わが国にはある．後発の先進国の，極東の島国のアカデミズムの脆弱さは，博物館においても負の様相を呈している．だが，モノの蓄積に支えられるという解剖学の本質が，博物館と円滑に融け合うことは確かだろう．

11.2 解剖学を支える死体収集

解剖学は死体の収集に始まる．だがそれは，今日の生物学者の多くが教育され，経験している目的化したサンプリングとは根本的に異なっている．

解剖学は集める対象を制限してはならない．また集める目的も固定するべきではない．シーラカンス学者がシーラカンスだけを集め，パンダ学者がパンダだけを集めたとして，それでつくられるものは特定の研究者の特定の業績でしかない．解剖学は，決められた短い時間に，決められた課題や決められた目的を満たすものではないのである．もちろん研究には明確な狙いがあり，明らかにすべき謎があり，構築すべき論理がある．業績や発見の栄誉が個人のものであることはいうまでもない．そのことは解剖学においても何ら変わらない．ところが解剖学において他の学問領域と明確に異なるのは，個々の発見や理論化とともに，必ず物の蓄積と継承がともなっている点である．物を捨てながら原著を出版しても，それを解剖学はけっして評価しない．成果を挙げながら，未来のために死体と標本を積み上げていくのが解剖学なのである．

躊躇せずに語ろう．無制限無目的に死体を集め，それを未来へ送り続けない限り，解剖学は成立しない．標本を残さずに論文だけ出されても客観的な評価や再検討ができないから，だから解剖学はモノを残すべきだ，ともいわれてきた．しかし，事実はそれほど小さな話ではない．大量の標本が当たり前のよう

に収蔵され，それが多くの人の五感に訴えていることで，初めて解剖学は健全な好奇心を人々の心に育むことができるのである．逆にいえば，形の蓄積なくしては，解剖学は新しい理論を生み出す力をすぐに失ってしまう．このことは「なぜ私たちは形を見てしまうのか」という本書冒頭の問いかけと直結していることに気づかれるだろう．そもそも「形を見たい」と思う解剖学の欲求全体を，無制限無目的の死体収集と標本蓄積が，根本から築きあげているのである．

11.3 博物館の未来へ

　世の中に愚昧な催事施設は数あるが，本来の博物館は，モノの収蔵の場所である．それは現代には希な，動物死体の集結場所として，無限の可能性を秘めている．

　しかし，現代社会においては，動物死体は，人々の"安全"で"安心"な生活環境からは，人に見つからぬように廃棄，滅失させなければならない存在とされてしまう．ゴミ処理，公衆衛生，労働安全，化学物質管理など多くのルールが，死体の継承を許さない方向で制定されている．所詮，"安全"，"安心"，"コンプライアンス"などというものは，現代社会の権力掌握の手法にすぎないものであって，人間の幸せにそれ自体が結びつくようなものではない．だがそれらに押されて，文化の継承のためのルールづくりに関与してこなかったのはアカデミズムの過去の無策だ．もちろん学を商業化してきた大学も学界も，文化の拡大を主張することに成功していない．こうしたあらゆる状勢が地道な標本収集と保管に逆風となる中で，それを必須とする解剖学の発展は非常に困難になっている．

　だが，このことは解剖学が本質から飽きられ，好奇心を獲得できなくなったためではないだろう．むしろ積極的には，かなり克服が困難になっている標本の継承と解剖学の拡大という大きな課題を，博物館なる体系でもって打開していくと構想するのがよいのではなかろうか．

　先に危惧したように，博物館には遊興施設化，公共事業化，営利商業化という魔の手がつねに忍びよってきた．しかし逆にいえば，こうしたことは，博物館が脇が甘いと思われるほど，理念と施策に自由度があることの裏面ともなっている．妙にミッションを組織ごと固定され変に責任のとり方を最初から決め

られていないという面が，博物館には在る．そんな博物館を政や官や産の低質な部分の喰い物にさせずに，解剖学による膨大な死体とともに，巨大な知の担い手に育てていくということは大いに夢のある，またけっして絵空事でもない，現実の文化施策としてあり得ることである．

11.4 生と死の学

　死体を無制限無目的に収集し続ける．命と死の境目に多くの学者と学徒が身を置く．社会に数多くの死体が生じることを当然の空気のように，受容する．死体から五感をもってからだの歴史を感じ取る．そこから新しい説得力の豊富な論理を構築する．そして，そこには，人間を次なる解剖に誘うほどの美への欲求すらも湧きあがる……．

　これを繰り返しているうちに，おそらくは解剖学は，多くの人々に対して，命と死に対する新たな考え方や思いを募らせるに至るだろう．動物解剖学は，こうして「博物館が生み出す，生と死の学」に昇華するに違いない，と私には確信されるのだ．

　読者の多くは，これから初めて死体と対面し，初めて死体にメスを入れ，初めて死体を凝視し，初めて指先で触れるに違いない．それはきっと，生物学・動物学の貴重な担い手としての第一歩だろう．そうした第一歩を踏み出した多くの若者が，つねに死体を集め，未来へ文化を受け継ぎ，いつの日か生と死を思慮する，そんな人間に育っていってほしいものだと切に願う．

おわりに

とある開き直り

「読者は25歳ではない」
編集者からの明確な意志表示であった．
「20歳が読む本にしてほしい」
本書の構想はそう繰り返された．
　たかが5歳の差ではあるが，もし対象読者層を年齢で定量化・厳格化するなら，この5年の違いは，まったく異なる本を生む要因である．学部生であれ，博士課程院生であれ，読まれる書物は最低限の論理性と本質的主張をもたなくてはならないが，表層的親切心を装うならば，20歳に向けられた本は，世間ではときに用語辞典の様相すら呈する可能性がある．そして，いま形態学はほとんどの教育システムの中から排除され，おそらくは読者の99％までが，解剖学と何らの接点もないままに20歳に達するという時代を迎えていることを受け止めれば，これは意外に難しい要望である．
　だからかもしれないが，とある開き直りを一つの答えにさせてもらった．「なぜ私たちは形を見てしまうのか」を，読者とともに考え続けられればそれでよいと，確信したのである．単純に自棄になったといってもよいのかもしれないが．
　長さでいうと本書の8割くらいは，それでも基礎的なものの考え方の伝達に心を配ったつもりだ．他のどの本にも使われていない日本語が鍵になっていたり，同様の若者向けの本がけっして採らない頁の順序が，初学者の理解を妨げることもあるかもしれない．
　場合によっては本書は，私から読者へ向けた，少し難解な独り言のようにも見えるだろう．だが，読者にとってこれが遠藤の独白ではなく，恐ろしく粘液質の対話になる瞬間が一瞬でも生じれば，最高に幸せである．
　左様，解剖学はそもそも「対話」だ．死体と解剖学者の語り合いなのだ．そ

れがたまたま本書では，読者と私の対話の時間になっていれば，それでよいのだろう．

　東京大学出版会編集部の光明義文氏には心から感謝申し上げたい．構想を伝えられてから，日本語が形を成すのに何年も待たせてしまった．お詫びの気持ちでいっぱいである．そして普段から私の解剖学を支えてくれている多くの学生たちに，お礼を申し上げる．合理主義一辺倒の殺伐とした今日でも，若い学生とともに解剖体を囲みながら日夜議論を続け，メスとピンセットを振るう場面をつくるのが，私のやり方である．いつも私は死体相手に発見の瞬間を探しながら，若い人間を育てる感激に浸る．そうした時間に誇りをもって参加してくれる若者たちに，心から敬意の気持ちを伝えたい．また実際のところ，死体は臭いと鼻をつまむ風潮が学問の内外に溢れる中で，進化の神秘やからだの謎をともに分かち合おうというたくさんの好奇心旺盛な理解者支援者が，私たちの研究を支えてくれている．こうした人々の優しさに深謝したい．

　最後に，妻と娘にありがとうと伝えよう．場面場面で共闘する母娘連合軍が卯建(うだつ)の上がらない主を圧倒するのは，普通の家の普通の光景だろう．そんなありきたりの屋根の下が，私の最高に幸せな居所である．さあ，今晩もまた筆に酔おう．7つの娘のかすかな寝息を絡めながら，丑三つ時の筆先は，いつもちょっと素敵に流れる．

　　2013年3月

遠藤秀紀

さらに学びたい人へ

　動物の解剖学に関する書はアリストテレスにまでさかのぼることができようから，成書に接するのは解剖学に携わる人間の生涯を埋め尽くす営みですらある．ここでは少しでも初学者の人生観に何かを残す本を勧めたいと思い，いくつかの著作を挙げた．

脊椎動物のからだ．The Vertebrate Body. 1983. A. S. Romer and T. S. Parsons 著，平光厲司訳，法政大学出版局，東京．
　古典であるが，いまも脊椎動物の進化を思慮するときの，論理のつくり方を学ぶには必携である．古くなったことで仮に誤りとされることが増えたとしても，5億年に及ぶからだの歴史性を扱い得た著作といえば，本書をおいて成功を見ているものは少ない．私はかつて監訳者の平光先生に学位論文を見ていただこうとしていたことがあり，先生の病のためにそれが叶わなかったことをいまでも残念に思い出す．

脊椎動物の進化．第5版．Evolution of the Vertebrates. 5th ed. 2004. E. H. Colbert, M. Morales and E. C. Minkoff 著，田隅本生監訳，築地書館，東京．
　脊椎動物の進化が現実にどのように進んだかを，地球誌とともに物語風に書き連ねてある．L. Darling 氏の美しい挿絵とともに不滅の作であるという印象をもつ．10代の私は本書旧版に大きく好奇心を揺さぶられた．

Analysis of Vertebrate Structure. 5th ed. 2001. M. Hildebrand and G. E. Goslow, Jr. 著．Wiley, New York.
　典型的な脊椎動物の進化形態学の書である．情報の古さは後で補えばよく，脊椎動物の形態に関する伝統的な考え方が網羅されている巧みな著作だ．

Vertebrates: Comparative Anatomy, Function, Evolution. 5th ed. 2009. K. V.

Kardong 著．McGraw-Hill, New York.
　単に形態のみならず，生理学的な記述も含まれていて，内容は多彩．解剖学書の硬質のイメージを不安視する読者にはお勧めである．

家畜比較解剖図説（上・下）．1957–1961．加藤嘉太郎著．養賢堂，東京．
　日本で生まれた古典的名著．オリジナルの描画は乏しいのだが，大量の図とともに非常に多くの情報を含んだ書として貴重である．解剖を実際に始める前に，完全に頭に入れておくべき内容を最大限に含んでいるといえる．

獣医解剖学．第2版．Textbook of Veterinary Anatomy. 2nd ed. 1998. K. M. Dyce, W. O. Sack and W. Wensing 著，西田隆雄・杉村誠監訳．近代出版，東京．
　加藤嘉太郎の図説の次なる時代に翻訳された．もっとも，応用解剖学や臨床の記載が増えているなど，『家畜比較解剖図説』を継承する位置づけの本ではない．説得力のある図版が多いことから，獣医学では現在でも参考書の一つとして重宝に使われ続けている．私は初版翻訳の手伝いをしたことをよく覚えている．

比較解剖学．1935．西成甫著．岩波書店，東京．
　戦前本邦の数少ない比較解剖学書．体系立てられた上述の洋書群とは比べるべきものではないが，比較解剖学を日本に紹介するという意味で大きな足跡を担った書である．

哺乳類の進化．2002．遠藤秀紀著．東京大学出版会，東京．
　ついでだが拙著を残そう．解剖学に限った記述書ではないが，おそらく哺乳類とその周辺の脊椎動物の形態学や進化学を読み物として学ぶのに，役立つかもしれない．

索引

ア行

アブミ骨　41
胃　75, 79
異歯性　84
咽頭弓　36
咽頭胚　48
ウシ科　80
鱗　104
運動器　53
鰓　35, 86
円口類　39
横隔膜　30
横中隔　28

カ行

外胚葉　34
顎関節　37, 40
角質　106
肝円索　78
関節　71
肝臓　77
顔面頭蓋　34
記載　5
奇蹄類　65
キヌタ骨　40
機能　2
基本体制　48
キュヴィエ　i
魚類　22
筋肉　20
偶蹄類　65
グッドリッチ　39
結腸　80
ゲーテ　42
肩帯　59
後腎　100
後腸　75, 79
後頭骨　42
五感　9
呼吸器　86

サ行

鰓弓　36
サンショウウオ　57
シカ科　80
軸下筋　20, 21
軸上筋　20
始原生殖細胞　97
趾行性　63
四肢　57
消化管　30
消化器　74
消化酵素　76
小脳　94
蹠行性　63
神経系　91
神経堤細胞　34
神経頭蓋　34
心臓　24, 26, 47
腎臓　99
靭帯　72
真皮　103
膵臓　77
生殖細胞　97
精巣　97
脊椎　16, 17
前腎　99
前腸　75
前適応　56
前脳　93
槽生歯　84

タ行

第一咽頭弓　39
体幹　16
体腔　24, 45
対称軸　18
体性神経　95
体節　17, 99
第二咽頭弓　39
大脳　94

中腎　99
中脳　93
中胚葉　34
腸　75
対鰭　53
ツチ骨　40
角　106
爪　106
蹄行性　63
頭蓋　33

ナ行

内臓性神経　95
内胚葉　34
ナメクジウオ　28, 47
肉鰭類　55
脳　92

ハ行

歯　83
肺　86
肺魚　87
肺循環　90
Bauplan　48
博物館　110
発生反復説　50
反芻胃　80
反芻獣　81
反芻類　80

比較　8
皮膚　103
表現型　23
表皮　103
フォン・ベア　50
復元　67
basic body plan　48
ヘッケル　50
ベルクマンのルール　108
哺乳類　58, 60
ホヤ　26, 47

マ行

盲腸　80

ヤ行

ヤツメウナギ　39
ユーステノプテロン　54
ユニット　23
腰帯　59

ラ行

ラティメリア　54
卵巣　98
両棲類　57
菱脳　93
ルーメン　80
歴史科学　6
ロコモーション　53

著者略歴

遠藤秀紀（えんどう・ひでき）

1965 年　東京都に生まれる．
1991 年　東京大学農学部卒業．
　　　　国立科学博物館動物研究部研究官，京都大学霊長類研究所教授を経て，
現　在　東京大学総合研究博物館教授，博士（獣医学）．
専　門　動物解剖学・遺体科学．
主　著　『カラスとネズミ――ヒトと動物の知恵比べ』（共著，2000 年，岩波書店），『ウシの動物学』（2001 年，東京大学出版会），『哺乳類の進化』（2002 年，東京大学出版会），『パンダの死体はよみがえる』（2005 年，筑摩書房），『解剖男』（2006 年，講談社），『人体　失敗の進化史』（2006 年，光文社），『遺体科学の挑戦』（2006 年，東京大学出版会），『東大夢教授』（2011 年，リトルモア）ほか．

動物解剖学

2013 年 5 月 15 日　初　版

［検印廃止］

著　者　遠藤秀紀

発行所　一般財団法人　東京大学出版会
　　　　代表者　渡辺　浩
　　　　113-8654　東京都文京区本郷 7-3-1 東大構内
　　　　電話 03-3811-8814　Fax 03-3812-6958
　　　　振替 00160-6-59964

印刷所　研究社印刷株式会社
製本所　矢嶋製本株式会社

© 2013 Hideki Endo
ISBN 978-4-13-062222-6　Printed in Japan

JCOPY 〈(社)出版者著作権管理機構 委託出版物〉
本書の無断複写は著作権法上での例外を除き禁じられています．複写される場合は，そのつど事前に，(社)出版者著作権管理機構（電話 03-3513-6969, FAX 03-3513-6979, e-mail:info@jcopy.or.jp）の許諾を得てください．

遠藤秀紀

哺乳類の進化 ——A5判/400頁/5400円

遠藤秀紀

ウシの動物学 ——A5判/208頁/3200円

遠藤秀紀

遺体科学の挑戦 ——四六判/224頁/2900円

ここに表示された価格は本体価格です．ご購入の際には消費税が加算されますのでご了承ください．